国家出版基金项目资助
全国高校出版社主题出版
浙江大学资助
国家海洋局极地考察办公室资助

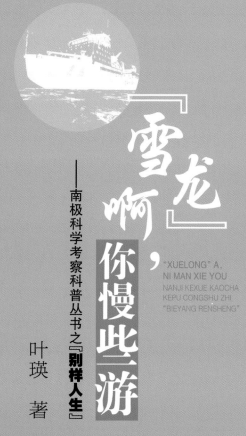

"雪龙"啊,你慢些游
——南极科学考察科普丛书之《别样人生》

"XUELONG" A,
NI MAN XIE YOU
NANJI KEXUE KAOCHA
KEPU CONGSHU ZHI
"BIEYANG RENSHENG"

叶瑛 著

中国地质大学出版社
ZHONGGUO DIZHI DAXUE CHUBANSHE

图书在版编目(CIP)数据

"雪龙"啊,你慢些游.南极科学考察科普丛书之"别样人生"/叶瑛著.—武汉:
中国地质大学出版社,2020.12
　ISBN 978-7-5625-4906-2

Ⅰ.①雪…
Ⅱ.①叶…
Ⅲ.①南极-科学考察-日记
Ⅳ.①N816.61

中国版本图书馆CIP数据核字(2020)第234238号

"雪龙"啊,你慢些游							
——南极科学考察科普丛书之"别样人生"						叶瑛	著
责任编辑:张　旭　阎　娟　陈　琪		选题策划:张　旭		特别策划:郑丽波		责任校对:张咏梅	

出版发行:	中国地质大学出版社(武汉市洪山区鲁磨路388号)	邮政编码:430074
电　　话:	(027)67883511　　传　　真:(027)67883580	E-mail:cbb@cug.edu.cn
经　　销:	全国新华书店	http://cugp.cug.edu.cn
开本:787毫米×1092毫米　1/16	字数:98千字	印张:7.25
版次:2020年12月第1版	印次:2020年12月第1次印刷	
印刷:武汉中远印务有限公司		
ISBN 978-7-5625-4906-2		定价:28.00元

如有印装质量问题请与印刷厂联系调换

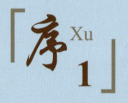

序 Xu 1

浙江大学叶瑛教授作为大洋队队长参加了中国第33次南极科考工作,在率队完成环绕南极的科考活动及物资装卸任务的同时,他笔耕不辍,利用业余时间写下了约30万字的科考日记。《"雪龙"啊,你慢些游——南极科学考察科普丛书之"别样人生"》(以下简称本书)从当事人的角度,以大洋队队长的视角,真实叙述了极地科考事业的欢乐与艰辛。本书全方位展示了中国南极科考站、"雪龙"号以及随船科研人员的工作与生活。以八〇后、九〇后为主体的科考队员经受了种种考验,包括南大洋的惊涛骇浪、长期航行的孤独寂寞、连续作业的不眠不休。把这套日记编辑成书并付梓出版,对于弘扬南极精神、宣传极地事业具有重要价值。

阅读这本书,南极风光尽收眼底,包括绚丽多彩的极光,千姿百态的冰山,目不暇接的海洋生物,以及南半球国家的风土人情。这些自然景观和异域风情的展示,既有科普意义,也彰显了中国的全球影响力。

南极科考是中国极地战略和海洋战略的重要组成部

分。了解南极、探索南极是中国政府和人民对科学精神的追求。本书集科普性与趣味性于一体，能从一个侧面满足公众对南极、南大洋知识的渴求，是一部不可多得的有关极地科考题材的好书。

秦为稼
国家海洋局极地考察办公室主任
2019年8月20日

序 Xu 2

　　中国第33次南极科考是中国组织的第3次环绕南极的科学探险航行。"雪龙"号四过西风带，航程5万多千米，为中国南极中山站（以下简称中山站）、中国南极长城站（以下简称长城站）、中国南极泰山站（以下简称泰山站）、中国南极昆仑站（以下简称昆仑站）提供了物资补给和人员轮换。科考队在普里兹湾、南极半岛和罗斯海进行了多学科综合性科考作业，并开展新站选址工作。这次科考在中国南极研究历史上具有重要意义。

　　浙江大学叶瑛教授作为中国第33次南极科考队大洋队队长参加了这次宝贵的南极之行，这也是浙江大学的学者第一次走进南极。应浙江大学师生和校内外同仁盛情邀约，叶瑛教授坚持利用业余时间写下科考日记，并及时传回校内，通过校园网络媒体分享给校内外读者。其日记近百篇、约30万字，广受读者欢迎和好评。

　　本书以叶瑛教授科考日记为蓝本，从第一人称角度，以日记的方式，介绍了南大洋西风带、南极生物和海冰、南半球国家的风土人情，以及"雪龙"号的技术装备和科考内容等知识。书中还描绘了包括科考队员、船员、船长和领队等人物群像，展示了他们对工作执着认真、不懈探索及爱国奉献的精神。

极地是研究海洋的关键点之一。本书在弘扬南极事业、宣传南极精神的同时，向大家揭示了自然界的奥秘，以及其中所包含的科学知识，势必吸引并感召更多热心海洋事业的人们投身到波澜壮阔的极地科考事业中来。这是一套不可多得的好书！

（王瑞飞）

浙江大学海洋学院党委书记

2019年9月10日

南极洲由南极大陆、陆缘冰、岛屿组成,总面积约1400万km^2,其中南极大陆95%以上的面积被巨厚的冰雪覆盖。南极冰盖平均厚度2000~2500m,储存了全球70%以上的淡水资源。当人们担心北极冰消雪融会造成海平面上升时,他们或许还没意识到决定全球海平面升降的是南极,而不是北极。

南极洲蕴藏着丰富的矿产资源,包括石油、天然气、煤炭等能源矿产,以及金、银、铜、铁、锌、铝等金属矿产。倘若地球其他几大洲的矿产资源耗尽,这里将是人类最后一座宝库。

环绕南极大陆周边的海域被统称为南大洋。鼎鼎大名的南大洋西风带,像是一道天然屏障,守护着南极的寂静与安宁,也维护了南大洋生态系统的独立性和特殊性。

对生活在现代都市的人们而言,南极是一方远离尘嚣的净土;对渴求自然资源的工业社会而言,南极有巨大的宝藏;对追求科学真理的探索者而言,南极有无穷的奥秘。正因为如此,中国自1984年以来每年都组队赴南极进行科学考察。

2016年11月—2017年3月,我十分荣幸地随"雪龙"号极地考察船(以下简称"雪龙"号)参加了中国第33次南极科考工作。120多个日日夜夜,3万多海里的航程,四过西风带的惊涛骇浪,目不暇接的冰山和极光,八〇后、九〇后队友们的青春风采,都给我留下了难忘的记忆。出征前领导和同事们再三嘱咐,让我在工作之余不要吝惜笔墨,要把南极科考见闻付诸文字,及时发回学校,用以宣传极地科考事业,弘扬南极精神。环境激发的创作灵感和领衔受命的责任感是我在科考途中笔耕不辍的双重动力。

从"雪龙"号进入南大洋起,《中国第33次南极科考日记》就连载在浙江大学及浙江大学海洋学院的网站上,许多师生在阅读几篇后就迷上了南极,迷上了"雪龙"号,纷纷把科考日记或者是载有日记的网站分享到自己的朋友圈。浙江大学的师生成了"雪龙"号科考日记的读者,为中国第33次南极科考队担当义务宣传员,这在"雪龙"号上引起了共鸣。领队、队友及船员不断给我加油鼓劲,作为此次科考队大洋队队长的我就这样客串起了业余作家和兼职记者。无论是在科考作业最紧张的时候,还是在遭遇强气旋的恶劣海况下,我坚持写的一篇篇科考日记源源不断在浙江大学及浙江大学海洋学院的网站连载。在完成科考任务告别"雪龙"号时,不经意间发现自己已写下了近百篇、约30万字的科考日记。

从南极载誉归来不久,我十分荣幸地当选了"最美舟山人——舟山魅力2017年度最具影响力人物"。能够获得提名并得到众多网络投票的支持,主要原因不是我的科研成就,而是《中国第33次南极科考日记》带来的社会影响。这当然也代表了社会公众对南极科考事业的支持,对探索自然奥秘的向往。

回首看来,这套纪实体的科考日记是从大洋队队长的角度,向读者展示大洋队的工作、生活和沿途见闻。虽然笔者文学功底不如专业作家,但身临其境的体会和科学家的视野或许能带给读者不一样的感受。

笔者借此机会感谢科考队的全体队友及"雪龙"号的全体船员们在生活上、工作上的支持与帮助,也感谢他们为本书提供的精彩照片。感谢浙江大学及浙江大学海洋学院师生,以及众多网友对南极科考的关注和鼓励。感谢中国地质大学出版社为本书的出版发行付出的努力。

浙江大学海洋学院
2019年10月20日

目录

引言——魔鬼西风带与魅力南大洋　/1

"叶氏晕船理论"诞生记　/2

猜冰山　/6

南大洋上的发型师　/9

派对和威士忌　/12

给"南极越冬综合征"开处方　/15

"小诸葛"和"小萝卜"　/20

大洋队的队长们　/23

领队的笑容　/26

徐副领队回来了　/29

理发换故事　/31

南极科考站的站长们　/34

大洋队的新队员　/37

不一般的火锅宴　/41

大哥们回来了　/44

大洋队的第一师姐　/48

"雪龙"号的守护神　/50

与智利南极研究所的互访　/52

万钢部长视察"雪龙"号　/56

春晚总动员　/59

停船期间　/63

VII

"雪龙"过大年　　/66

心理医生　　/70

不一样的元宵晚会　　/72

"大车""小车"和"车站"　　/75

期待会师　　/79

在"龙抬头"的日子里　　/82

我们曾经来过，但从未离开　　/87

"三八节"的火锅宴　　/90

生日宴会　　/94

群英会　　/96

回家倒计时　　/99

不一样的"工作"　　/102

后记　　/106

引言
——魔鬼西风带与魅力南大洋

西风带常年风急浪高,是南极大陆外围的一道天然屏障。在中国第33次南极科考航程中,"雪龙"号4次穿越西风带,队员们经历了风浪颠簸的洗礼。航行期间"雪龙"号分别在澳大利亚的弗里曼特尔和智利的蓬塔·阿雷纳斯进行短暂的停靠补给,对外港的见识只能是走马观花。外港短暂的停靠经历,也让我们从一个侧面体会到了国际关系和国家之间的博弈。在蓬塔·阿雷纳斯停靠补给期间,时任科学技术部部长万钢率祖国代表团访问智利,百忙中登上"雪龙"号看望和慰问了船员和科考队员,带来了祖国的问候。

科考队员在漫长的海上航行期间远离家人,生活单调,彼此间的交流显得格外重要。

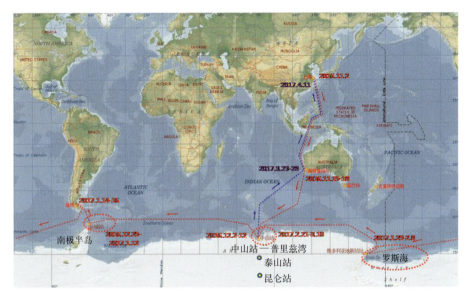

4次穿越西风带示意图

"叶氏晕船理论"诞生记

2016-11-20

晕船的专业术语叫"运动过敏综合征",每次出海这病都要折磨我一回,这次也不例外。"雪龙"号总排水量两万余吨,硕大的船体在西南印度洋的波涛中左右摇摆、上下颠簸,犹如一叶扁舟,又像是"婴儿的摇篮"。离开澳大利亚弗里曼特尔不久,我就躺倒在床铺上。事先也做过周密的准备,口服了晕船药,该贴的地方都贴上了晕船贴,晕船腕带一手一个,可效果似乎不怎么样。

我经历持续时间最长的一次晕船是在太平洋上,首次出海随"大洋一号"远洋科考船对太平洋海山区的富钴结壳进行调查。近一个月的科考,有近一半时间是头晕目眩、不思茶饭。这是"慢性运动过敏综合征"的表现。好在同事们对新来的"菜鸟"关怀备至,基本上让我处在半休状态。

让我最不堪的一次晕船是旅行结婚的那一次,和新婚的妻子去普陀山。冷空气呼啸南下,轮渡已经封航,为了不错过后续行程,我们只能搭乘渔船去朝拜观音。刚开船才过几个大浪,我就觉得船在转、海在转、天空在转,脑袋和五脏六腑也像翻江倒海般在剧烈旋转。失去了空间感、分不清上下左右的我伏在船帮上狂吐不已。这是典型的"急性运动过敏综合征"。妻子一手托着我的额头,一手拍打着我的背部,首次出行就被她像婴儿般呵护是多么的不堪。在登岸时没忘记展现好男儿英雄本色,看准码头抢先一步,然后转身牵了妻子一把。丢在船上的颜面咱在岸上挽回,上岸后我又是好汉一条,而且颇具君子风度!

可这一次我的身份已不再是一般的科考队员,而是几十号人的团队的队长,总不能卧床两周后再履职,也不能等着别人来照顾,肩上担负着顺利执行协调计划的责任,必须尽快站立在自己的岗位上。简单说就是,不能等两周,也不能等别人照顾,要尽快靠自己的力量去消除晕船症状,这就是本课题的立项宗旨。

晕船时肠胃开始罢工,食物吃进去很快就吐出来。口味也与往常不同,鱼肉不再是美味,反而变得油腻。为了迎合肠胃变化,从厨房要来一罐腐乳,伴着米饭细嚼慢咽。最初的两天居然就这么顶过来了。随后我们遭遇7~8级大风,阵风9级的大风浪,餐厅从满座状态减员到不足三成,坚持正常就餐的好汉中仍然有我。

西风带中的"雪龙"号(冯洋 摄)

吃得下靠的是毅力，要让怠工状态的肠胃恢复正常还要用些谋略。健身房中有跑步机，设计者的目的是让你能在狭小空间中消耗过剩的热量，达到控制体重、保持体型的目的。我发现在跑步机上以3～5km/h慢走居然能有效缓解晕船。走着走着，我忽然茅塞顿开领悟了其中的道理。从运动医学角度上看，人和参照物的关系可以分为三种状态。第一种状态下(正常状态)参照物静止而人体在做主动运动，使人体保持平衡。第二种状态(乘车船状态)与第一种状态相反，人体没有主动运动但被环境携带着做被动运动。如果耳前庭仍然按照处理第一种状态的模式去应对第二种状态，结果就是失去对人体平衡的控制，此时"运动过敏综合征"患者的耳前庭出现应激反应，从而出现眩晕、呕吐等症状。脑洞继续开下去，当我在跑步机上行走时，人和参照物的关系是第三种状态，即人体在做被动运动的同时也在做主动运动，这是一种介于第一种和第二种相反状态下的过渡状态。经过这种过渡状态的训练，可以诱导平衡机构更快地适应新环境，缓解运动平衡器官的应激反应。这是我对"运动过敏综合征"的新认识和解决方案，不知医学专家们能否认可？

在"叶氏晕船理论"指导下，加上正确的应对措施，本课题的研究成果只用了两天就有效地缓解了"运动过敏综合征"。第一次出海可用了足足两周，可见这理论还算正确，措施也基本奏效。为便于成果的推广，把治疗"运动过敏综合征"的体会归纳为三点供大家参考：第一是合理用药，口服晕船药首日一天两次，每次一片，此后减为一次半片，维持3～4天；第二是适度运动，在跑步机上每天慢走2～3次，每次半小时；第三是坚持进食，吐了再吃一点，别让胃彻底空着。

我的"叶氏晕船理论"未必是首创，这毕竟不属于我的专业范围，但没准我提出的应对措施，也就是晕船的治疗方法有些新意。回去后尝试写篇运动医学论文如何？核心内容是对于人体内的运动平衡器官而言,人体的运动有三种状态:人体做主动运动是第一种状态;人体被环境携带着做被动运动是第二种状态,"运动过敏综合征"(俗称晕船)发生在此时;人体同时进行被动运动和主动运动是第三种状态,比如在跑步机上行走。经过第三种状态的训练,"运动过敏综合征"能迅速缓解。病例只有一例似乎少了一些,但效果还不错,训练1~2天后症状明显缓解,3~4天后基本复原(不能根治)。

据说船上晕船的队友看了这篇日记后纷纷效仿,效果都还不错。

猜冰山

2016-11-26

"雪龙"号刚完成了转向,航向从西南转向正南,意味着此前顶风破浪的航行已经调整为直奔中山站。穿越西风带最艰难的一段航程基本过去,再有1~2天将进入浮冰区,船将会更加平稳。

上午的风速近17m/s,相当于7~8级,阵风8~9级,海面上一片片白色浪花,甲板作业全部停止。为活跃气氛,大家想出了不少主意,其中之一是猜冰山。餐厅的墙壁上有一张表,填上你的姓名,写上你认为"雪龙"号将第一次遇见冰山的纬度,最接近实际的前三名获胜并有奖品,据说第一名奖品价值不菲。居然有人写了66°66′66″,不知是为了逗乐,还是没搞清楚六十进制。

有奖竞猜并没给餐厅带来多少人气,中午在餐厅用餐者依旧寥寥。在这种海况下还有胃口的可都是好汉,我居然是其中之一。吃过干饭又盛了一碗稀饭,只是往日的美食如鱼肉类都变了味,避之唯恐不及,下饭的还是腐乳。嚼着米饭看着墙壁上的有奖竞猜,忽然脑洞大开,何不把竞猜题目改为"请根据餐厅用餐人数猜出舱外的风力"?这绝对有函数关系,并且是负相关。君不见昨日风力8m/s时食堂几乎满座,今日增强到17m/s,上座率只有1/3。如果是这个题目或许我还能拿个奖品。

言归正传,我还是郑重其事地在表格中填入了我的猜测:遇见冰山的纬度是南纬56°38′26″。唯一的依据是听说往年遇见冰山的最低纬度是52°左右,我的推测值应该高于这个最低值,中国人偏爱数字6

和8,这也多少影响了我的答案,其他人的推测也未必有充分的依据和严谨的思维。大家都能看到的免费卫星影像不足为凭,因为分辨率不够高,谁也不会为了区区奖品去参看高精度图像,那可是要付费的。

"雪龙"号过了南纬52°,过了南纬56°,又过了南纬58°,大家期待已久的冰山还是不见踪影。直到夜间才有消息传来,有人看到冰山了,并得到了雷达证实。最终揭晓的结果是冰山出现纬度为南纬59°29′30″。

获奖人员名单一等奖:徐理鹏(南纬59°30′12″);二等奖:张良华,郭云;三等奖:陆蓉,侯赛赛,王德武。

这个结果实在是出乎预料。首先是今年遇见冰山的纬度比往年高出如此多。有人说气候变暖,冰山都化了。这个说法很快被排除,因为水温数据不支持冰山融化的说法。海冰分布趋势给出的解释与此相反,往年中山站附近冰障宽度约20km,今年却有38km。这意味着南极入夏以来温度偏低,冰架消融速度低于往年。

冰山(程绪宇 摄)

其次没有料到的是获奖人员。一等奖是船员,工作性质基本不接触卫星图像资料,获奖一半靠经验,一半是运气。3个三等奖有2.5个出自大洋队,其中的王德武号称"小诸葛",此前的"唱响雪龙"他临时上阵拿下三等奖,"五十K"牌技竞赛又是他临时组队,一边看规则一边出牌,差点把去年的亚军队伍挑落马下。这次他在猜冰山项目中获奖虽然有些意外,但实乃情理之中。他的推测依据是,目前南极受拉尼娜现象影响,气温偏低。这就是大洋队,看似不显山露水,实则高手如云。获奖的陆蓉算是半个大洋队员,小姑娘原本是中山站的,因工作关系每天和大洋队一起采水样,也在同一处办公。她属于那种人见人爱、百看无害的类型,常被人调侃是否看上了大洋队的哪位帅哥,对此她也不恼,只是一笑了之,依旧和大家一起采样办公、聊天打牌。她们的存在为长期枯燥乏味的南大洋科考增色不少。

猜冰山活动结果揭晓后,海面上的冰多了起来。见多者识广,我也能分出两类,一类是高耸海面数十米的冰山,露出水面部分只有其总体积的1/10,它们是南极冰架开裂断下的产物。当年的泰坦尼克号就是撞上了这样的冰山导致海难。"雪龙"号具有一定的破冰能力,但也极力避免与冰山迎面相撞,这是驾驶台上船长的责任。此时"雪龙"号周围的冰山寥若晨星。另外一类叫浮冰,它们像一片片荷叶,静静地浮在洋面上,也像一朵朵浮云,不时从"雪龙"号船舷边掠过。浮冰的厚度一般不超过1~2m,"雪龙"号对浮冰并不介意。但浮冰增多对船长的判断力是一种考验,浮冰和冰山,应对措施完全不同。为慎重起见,"雪龙"号降低了航速。船舷不时传来低沉的轰鸣,船身也随之一晃,那是"雪龙"号碾压浮冰的声音,如果是冰山,则需要紧急避让。

中山站越来越近了,但今年的冰情着实给了科考队领导们出了一个大难题——冰架宽度38km,如何把大批装备和物资送上中山站?

南大洋上的发型师

2016-11-27

"雪龙"号驶过了西风带进入海冰区,海面如预料的一样,只见涟漪没有波涛。气温和水温双双降到了0℃以下,不时有一阵阵降雪。随着海冰增多,甲板作业又被叫停。闲来无聊,得找点事情做。

上船前我就声明会理发,并表示愿意为大家效劳,可是没人当真。从弗里曼特尔登船后,看到船上的光头开始多了起来,心中暗自焦急。光头之所以成为科考队员的标准发型,是因为易打理,只需麻烦别人一次,以后用剃须刀就能自己解决。但若都采用这标准发型,岂不埋没了我的手艺?再者一船的光头今后让我如何识别队友?我辨认面孔的能力特别差,只能借助发型识别身边队友。昨天中山站站长赵勇一头飘逸长发,颇有艺术家风范,今天他和我打招呼我竟然半天想不起他是谁,只因艺术家发型变成了科考队员的标准发型。

见面不认识对我来说太尴尬,我得做点什么改变这被动局面。我见到几位头发略长的科考队员,小心翼翼地询问:"想理发吗?我会!"几位都是报以不置可否的微笑,这是不愿劳我大驾,还是不相信我真会理发?好不容易"逮"到了一位——自然资源部第三海洋研究所的妙星老师,凭面相判断他为人憨厚,想必不至于回绝我的好意。我也换了一种询问的策略,"我理发手艺不错,荒废了也真可惜,哥们愿意让我练练手吗?"我对妙星老师说。"刚吃过晚饭,肚子撑着难受,待会吧。"他果真没有一口回绝。大概过了1小时,我又试探着问了一次。这次他再也找不出其他托辞,被我领到了理发室。工具也都还称手,

作者在"雪龙"号上为队友理发

　　虽是多年前的手艺，却也未见生疏，几分钟就搞定。让他把眼镜戴上，问他可还满意。不用言辞，他的满意都写在了脸上。他一本正经地说："我回去洗个澡，换件衣服再让大家看看。"看得出他有意为我打广告。

　　回到办公室有人问道："这么快就好了？妙星老师呢？""他回房间了，可能要等头发长长一些才敢出来。"我故意卖了一个关子。大家一声长叹，好像是说可怜的妙星老师，被队长拉去练手，下一个倒霉蛋不知道该是谁。但是谁也没说穿，算是给我面子。大概1小时后，妙星老师推门走了进来，气宇轩昂，服装笔挺。"好帅！""简直年轻了十岁！"……大家齐声赞叹。在场的女士你一言、我一语地点评，弄得妙星老师有些不好意思。"你们是在夸妙星长得帅，还是夸我理发手艺好哇？"我适时插了一句。众人齐声回答："队长手艺不错。"看来这不是客套,我有些自鸣得意。

第二天下午是大洋队的动员会,要动员大家全力以赴参加物资卸载,这是物资转运的关键。我慷慨激昂说了一通,自己也记不清都说了些啥。结尾时我请妙星老师站起来,我问大家:"这头帅不帅?"众人齐声喝道:"帅!""从现在起,我们大洋队干活靠大家,理发找队长,好不好?""好!"大喊中伴着热烈的掌声。我真的很感动,这掌声不仅是对我技艺的肯定,也是我融入了这个团队的象征。出发前接到任命时,我自己都很恍惚,虽然有些资历,但在专业方面毕竟是半路出家,并无过人之处,如何赢得大家的信赖和支持让我颇费脑筋,没想到如今这第二手艺还帮上了大忙。

第二头衔成功辅助第一头衔可不是我的"专利"。你看郎平,凭啥她能率领中国女子排球队在里约奥运会夺冠?如果只是教练,凭中国女子排球队当时的实力未必能拿冠军。可郎平不仅是教练,还是精心照顾、细心呵护她们的"郎妈妈"——女排队员们都这么称呼她。中国女子排球队不缺教练,"郎妈妈"可只有一个。

如此攀比也太高抬自己了,无奈我的第一头衔实在是有些拿不出手,只好刻意修饰这第二头衔了。理发师太普通,就叫发型师吧,这年头手艺稍好些的理发师都用这个头衔。必须强调,我可是教授发型师——在教授群里我自称发型师,遇到发型师,我就亮出教授头衔。物以稀为贵,在这两个职业群体中,我就这样显得与众不同!

派对和威士忌

2016-11-28

派对一词的英文是Party，指的是朋友聚会。今日派对的主角是袁卓立博士，举办派对的理由有一大把，最重要的是今天他三十岁生日，三十而立，名叫卓立，又是他进入职场后的第一个生日，自然要庆贺一番。

如果是往常，"雪龙"号都会为船员、科考队员准备生日蛋糕，据说还有一份特制的火锅。可明天"雪龙"号要停靠在中山站附近的冰面，冰面卸货颇费周折，从船长到船员，从领队到全体科考队员，都在全力以赴，备战冰上卸货。卸货时厨房的忙碌程度不亚于我们百姓人家过年，要保障全体人员处于随时能用餐的状态可真不容易，这蛋糕和火锅也就只能推后安排了。

我有些好奇没有生日蛋糕的生日派对会是什么样子。推门进去就感受到了场面的温馨和袁博士的组织能力。借用"雪龙"号的多功能会议厅，里面有全套的现代化音响设备，十来个八〇后、九〇后的年轻人已经在引吭高歌。要知道袁博士是出海前刚到中国极地研究中心（以下简称极地中心）报到，报到后立即上船参加科考，无论在极地中心还是"雪龙"号上，他的职业履历都只有一个月左右，生日派对能有这么多朋友来捧场，足以说明他的人缘和号召力不错。来捧场的既有袁博士在极地中心的同事，也有科考队的队员。

除了音响设备和水果是船上的，其他物品好像都是袁博士带来或者是朋友带上船的，有袋装的舟山海鲜，还有各地的零食特产。在众多饮料和酒品中我选了威士忌,我对苏格兰威士忌情有独钟,因为我在那里有学习经历。

年轻人唱的大多是当下的流行歌曲,我基本不会。静静欣赏一阵后感觉不能只当听众,也应该为袁博士的生日献唱几曲。我虽然不是他的论文导师,但也颇有缘分。浙江大学海洋学院成立之初,我参加过录取袁博士那一届的研究生面试工作,因此硕士、博士一路顺风顺水的他认为我们在关照他。坦率说我们的生源太少,优秀生源更是不足。建海洋系初期师资都是问题,实验和保障条件更是缺乏,当年招收的前几批学生要么是海洋的铁杆"粉丝",要么对自己的人生规划已有成熟的思考。这些学生还花了很多时间和精力,去分担老师们作为创业者的责任,是这批学生和我们一起创建了海洋系和海洋学院,这样的师生情分自然非同一般。

我喜欢激昂的歌曲。为袁博士献唱的第一首歌应该是《南屏晚钟》。歌词的大意是北伐时期一位年轻小伙因要踏上征程即将与恋人分别,曲中既有对恋人的不舍,也有出征前义无反顾的激昂。作为长辈,希望年轻一代都能以事业为重,不要太过沉迷情感。袁博士当然不存在这方面的问题。

第二首好像是《两只蝴蝶》。这歌词或许能代表一些我对妻儿的愧疚。老婆经常批评我

袁卓立博士(右)客串新华社记者采访作者

没有情商,是"冷血动物"。确实有些"冷血",首次出国儿子还不到两岁,整整一年也没给家里写过几封信,那年头还没有电子邮件,打越洋电话又太奢侈。在国内出野外几个月没音信也是常有的事情,老婆没有把我给"踹"了,真是难为她了。

还有两首大概是《高原红》和《天路》。虽然嗓音不咋样,但唱得很卖力,年轻人给我的喝彩只当是鼓励,我可是真心给袁博士来捧场和庆贺生日的,态度比水平更重要。

边唱边喝着袁博士从家里带来的威士忌,几曲下来不知不觉已经几杯下肚。我平日并不好酒,但此时的威士忌口味不比以往。当年留学苏格兰时喜欢上威士忌,是因为当地酒厂的宣传。朋友张亮夫妇和他们的父母周末出游,车上还有一个空座位,因此邀我参加。途中路过一家威士忌酒厂,按照他们的规矩,每位访客都能免费品尝一小杯,买不买随你。张亮开车不能喝酒,他夫人和岳父母也都不喝酒。盛情难却,我把5杯威士忌一一喝下,从此就喜欢上了这味道。据酒厂介绍,苏格兰人喜欢威士忌是因为当地冬季漫长寒冷,需要喝酒御寒。威士忌与中国白酒最大区别是味道,地道的威士忌闻不出白酒的芬芳,但入口后沁人心脾的感觉持久长远,据说这风味来自盛酒的橡木桶。酒厂的橡木桶至少都有百余年的历史,里面的微生物群落至今仍是个谜。威士忌的酒龄指的是它们在橡木桶中的时间,灌装到玻璃瓶中之后就不再计算酒龄了。

我忽然想到,袁博士这批和我们一起创业的学生,多么像这地道的苏格兰威士忌,虽无浓香四溢,却让人回味无穷,他们留给学校的是一笔宝贵的财富,让人久久难忘。相信他们在新单位也很快会被新"东家"欣赏,毕竟他们的奉献精神是任何单位都需要的财富!

给"南极越冬综合征"开处方

2016-11-29

俯瞰中山站

本队长又找到新兼职了,这次要当一回医生,给"南极越冬综合征"患者开出治疗处方。别以为我在逗乐,看完本文你会相信这绝对是认真的。

上船时领到了几大本文件,其中一本是国家海洋局极地考察办公室"海极发2016-66号"文件,是发给中国第33次南极科考队全体成员的,内容是"中国第33次南极考察现场实施计划",要大家遵照执行。我的任务自然是要深入领会、坚决贯彻属于大洋队的那一部分。这本文件一直放在我的手边,不敢有丝毫怠慢,上船不到十天,就让我翻得封面起皱、页页卷角。出于好奇，也为必要时能互相照应，偶尔也翻看其他队伍的计划。大家都在一条船上，可不能"鸡犬之声相闻，老死不相往来"。

从文件中得知，在我们当中有一支由医学专家组成的队伍，他们的研究对象是"南极越冬综合征""南极T3综合征"，又叫"季节性情感障碍亚临床综合征"。这一堆医学专业术语说的是同一件事：当人们处在与世隔绝的环境中时，因无法适应会导致应激性疾病，包括功能性激素紊乱和负面情绪的增加。通俗说法是会产生睡眠问题、认知改变和人际关系冲突增加。看到这些内容，在进入中山站之前，还真为中山站上的越冬队员们担心，经历了一个漫长寒冷、只有黑夜没有白天的冬季，不知他们现在怎么样了。

"雪龙"号停靠在距离中山站30余千米的冰面上，因为冰情严重只能暂时停靠，先用直升机把科考队中山站、内陆站人员和行李送上去，物资卸载将在破冰作业后进行。我随科考队党委班子成员一起先行上站慰问中国第32次南极科考队中山站的越冬队员。

在引擎的轰鸣声中，也伴随着欢迎的锣鼓声，直升机降落在中山站，是中国第32次南极科考队中山站汤站长带领全体越冬队员们在欢迎我们。越冬队员虽然已经在中山站生活了9个月，但看不出他们和我们之间有何不同。尤其是汤站长，和我同庚都是59岁，但他依然是行走带风、声如洪钟，看上去比我年轻不少。

慰问和汇报在中山站的主建筑综合楼中进行。所有人进入综合楼都要履行固定的程序。首先，是台阶前有一大盆水，我们依次把自己的鞋底在水中浸一下，目的是洗去鞋底附着的沙土。然后，走上十几级钢制台阶，推开第一道门，进入换鞋厅。里面的陈设有些像游泳池的更衣室，中间一排矮凳，两边竖立的是鞋柜，没有门，但每一格下面都贴有队员的姓名。每人的鞋子都是制式装备，款式一样但尺码不同,这个细节体现了管理者的细心。管理者为来访者提供了另外的拖鞋,换鞋后再推开第二道门,进入过渡厅,里面有沙发和茶几。冬季的南极室内外温差太大,在这里稍坐一会儿才能使人体适应室内外温差。这里也兼作吸烟室,安装有通风设施。最后,推开第三道门,才算真正进入了综合楼。综合楼里面窗明几净,一尘不染。中山站附近都是沙砾组成的第四纪冰积物,风起时扬尘严重,就像我们直升机降落时一样,室内保洁并不容易。入内后第一件事情是卸去冬装,室内温暖如春。入座后越冬队员端上来一盘苹果,我们都没舍得吃,"雪龙"号上物资供应丰富,还是留给中山站吧。这苹果应该是去年从国内运来的,看上去还很新鲜。

慰问仪式上,客人和主人分坐在两边。汤站长和越冬队员一共19人,

中山站内景(周景武 摄)

除值班人员外其余全部在场,他们个个精神抖擞、意气风发。仪式后我问汤站长的继任者、中国第33次南极科考队中山站站长赵勇:"有参观安排吗?能否在附近看看?""没有安排固定路线,没有人陪同,可以随便看!"语气坚定且自信。赵勇和我们随"雪龙"号远航一起来到这里,他将留下并接任汤站长的工作,在这里待到2018年夏天。

  我感到纳闷,难道说汤站长和这批越冬队员对"南极越冬综合征"有天生的免疫力?听完他们的介绍后似乎悟出了其中的部分奥妙,是否得这种病可能因人而异。越冬队在中山站活得很充实,驻站需要一年多时间,每一天应该做什么都有具体的安排和目标,业余生活也极为丰富,各种娱乐活动非常多,且都是全体参加。汤站长本人获得过羽毛球双打冠军和一个乒乓球单打项目的亚军。中山站在南极算得上是模范站,附近其他国家的南极站常来交流,打一场球,蹭一顿饭,或者是寻医问药。目前中山站的状态是全部设备运行正常,都有详尽的维修记录;科研人员成果丰富,在国际上崭露头角;管道工写下了10来万字的维修心得和笔记;全部垃圾装入了集装箱,准备运回国内;全部物资堆放整齐,记录完整;生活用水的储备,足够用到来年夏季。

  我想开给"南极越冬综合征"患者的处方是,去南极越冬前不妨先学习中国第32次南极科考队中山站越冬管理的经验,还有他们的人生观和世界观。要问这经验在哪,别着急,汤站长将搭乘"雪龙"号和我们一起航行至下一站,也就是智利的蓬塔·阿雷纳斯,他将在船上和我们共同度过一个多月的时间。或许我应该安排两位年轻队员一路采访这位英雄站长,把中山站的管理经验,还有18位队员在平凡岗位上展现的绚丽风采写成一本书。论文笔我们不如随行的记者,论观察能力我们不如研究病患的医学专家,但同是科考队员的身份,以及近水楼台的有利条件,没准我们这帮人在完成科考任务的同时,还能为医学做些贡献。今后所有上南极越冬的科考队员,看了我们的作品或许都将告别"南极越冬综合征"。甚至应该出一个英文版向世界宣传我们的经验,作为我们对全世界南极事业的贡献。

这牛可能吹大了一些,如果我们真能"得逞",还要记者和医学专家干啥?

应该说明一下,离开中山站时我带走了三样东西:一瓶矿泉水,开会时喝了半瓶没舍得扔,不是因为我们缺水,这瓶从国内运来的矿泉水和其他大宗物资一样,是中国远洋综合保障能力的象征;一张慰问会安排表,上面印有18位越冬队员、1位队长的姓名和会议流程,我们将按照这页纸提供的线索,在开往蓬塔·阿雷纳斯的航渡途中采访汤站长,写作的主题思路将是"照亮南极漫长冬夜的19颗星";一支圆珠笔,是我在中山站慰问会上使用过的,它曾记录过汤站长工作汇报的要点。算不上"拐带"的是我和汤站长的合影,在我眼中他算得上是位英雄。英雄不必伟大,能为这个社会贡献正能量就足以称之为英雄。南极精神,还有中山站精神等待我们去发扬光大。中国第32次南极科考队越冬队员们如果上不了英雄榜,将会让我们感到愧疚,不是他们不行,是我们没有尽到挖掘、宣传的责任。

从这几件收入我囊中的珍藏品,你们应该能看出我是认真的。

"小诸葛"和"小萝卜"

2016-12-01

在11月30日袁卓立博士的生日派对上,"小萝卜"几乎是第二主角。不管谁进来都会和袁博士碰杯,祝他生日快乐,然后就是和"小萝卜"碰杯,祝贺她就要上岸了。"小萝卜"陆蓉是中山站的度夏队员,我们已经到达中山站,她自然是要上岸去了。中国有句成语叫"苦海无边,回头是岸",有人上岸自然是要庆贺的。可这"小萝卜"看上去并不情愿上岸,也不愿意脱离"苦海"。这是为啥?只因"小诸葛"没上岸,还在海上。难道他们是恋人?当然不是。

"小诸葛"为人侠肝义胆,古道热肠,还机智幽默。他和"小萝卜"以前并不认识,只因为专业相近,上船后在同一实验室工作。大家来自不同单位,自然要介绍各自的工作计划,这是相互配合的前提。"小萝卜"介绍完了导师给她的任务,"小诸葛"眉头直皱,不禁怀疑,这么繁重的任务她干得完吗?就算是身强力壮的小伙子,也未必能独自完成从海水采样、仪器分析到数据解释这全流程的活。不忍心看她完不成任务回去被导师批评哭鼻子,便一边骂着导师狠心一面挽起袖子帮着她一起干。俗话说"男女搭配,干活不累","小诸葛"和"小萝卜"相互帮着,不仅完成了两人各自独立操作都难以完成的活,还有可以自由支配的业余时间,比如约几个九〇后、八〇后一起唱歌、打牌、聊天。

在船上"小萝卜"就像是"小诸葛"的影子,几乎成了大洋队的编外队员。因为晕船,我在五楼待不住,自己在底层大办公室找了一个位置,恰巧就在"小诸葛"旁边。头几天一直以为"小萝卜"是我们大洋队的队员,她总出现在这里,并且和所有人都那么熟悉,直到将近一周之后,才知道她和"小诸葛"有"故事"。"小萝卜"为人乖巧,不时从餐厅取来水果放在我的办公桌上。"雪龙"号的食物是敞开供应的,但自己去餐厅取要爬楼梯,风浪大时颇费力气。我很快就明白了她糖衣炮弹下裹着的心思,让我接受她作为大洋队的候补队员。谁让我是队长,而且还和"小诸葛"挨着办公呢。

事实上"小诸葛"上船前已经有女朋友,而且是青梅竹马相处多年的女友。"小萝卜"也不是不知道,但依旧形影相随,这恐怕也未必就是恋人关系。他们在工作场合互相帮助,业余时间愿意在一起多聊聊,并未逾越同事和普通朋友的底线。我向来主张,年轻人之间除了爱情,更应珍视友情。从爱情出发,你只能得到一个异性,但从友情出发,你可以得到许许多多朋友,其中可能有红颜知己,也不乏趣味相投的哥们。

在我眼里他们的关系更像是偶像和崇拜者。"小诸葛"在人需要帮助时出手相助,表现出了男子汉的英雄气概,动机和目的都非常单纯。豪侠仗义和怜香惜玉都是男儿本色,也是最能打动人心的美德。这也是"小萝卜"在大洋队诸多帅哥中更青睐"小诸葛"的原因。在人群中能被"小萝卜"多看一眼并不容易,要知道这"小萝卜"不仅智商、情商一流,而且文采出众。《南极之声》第三期上发表了她的诗词,那可不是等闲人能写得出来的。在"雪龙"号上,《南极之声》编辑审稿眼光可不是一般的高,本队长的日记到目前为止还没有一篇被看中。那"小萝卜"在闲暇时能写诗填词,并且能够发表,文学功底自然不弱。

去中山站的那一天,"小萝卜"自愿乘最后一班飞机,这班飞机只安排了3位乘客,其他都是行李。直到临起飞,3人都没有出现在飞行甲板上。不用问,"小萝卜"在大洋队的办公室里,另两位据说忙于工作。不得已,飞机满载行李飞走了,3位只能再等下一班。

为了保证这篇日记兼记叙文的真实性和客观性，本文在大洋队范围内广泛征询了意见。"小诸葛"看后谦逊地说："我只是做了我应该做的，如果我不帮她，别人也会帮她。"一些小伙子看后，对"小萝卜"深表同情，表示今后在"雪龙"号上再也不吃萝卜了，包括萝卜排骨汤和萝卜烧牛肉，可惜了这两道好菜。"小萝卜"看了直夸我是好队长，今后给"小诸葛"理发的工作就不劳我了，由她包了。哇，好在她上岸了，不然我这发型师的位置可就保不住了！她若亮出美女诗人发型师的头衔，我这教授发型师恐怕就要下岗了。不过等我们绕南极一周回来接"小萝卜"上船，已经是3个月之后了，这发型师的职位我至少还能再干3个月。"小诸葛"的头发我自然还是要剪的，不然的话，披着一头长发，或者是剃了耀眼光头的"小诸葛"还会是以前那个帅小伙吗？

这就是"小诸葛"和"小萝卜"的真实故事，虽然平凡，却很动人，不是吗？

大洋队的队长们

2016-12-03

在学校,同事间见面彼此都互称老师,但在船上,同事间更习惯称呼对方的头衔,比如船长、大副、二副、老鬼、水头(水手长)等。船员们的习惯多少也影响到了大洋队。大洋队的年轻同事们见到我都喊"叶队"。队长是个临时性的无薪职位,此次科考结束就任期届满了。但我还是很想要当好这个队长,被队友们称呼"叶队"自然是很得意。

没过多久我发现在大洋队还有几位年轻人也享有类似的称呼。我知道这些人是年轻人中自发的民意领袖,他们自愿帮衬本队长完成工作,在同龄人中显得有些与众不同,因此被大家戏称"某队",他们也都不太介意。有这些志愿者队长,我这队长可就轻松多了。我们细数一下,看看大洋队到底有几位队长。

"罗队"和"范队"——大名叫罗光富和范高晶。这两位被大伙戏称"罗队"和"范队",完全是因为我乱点鸳鸯谱。"雪龙"号从上海起航时,因为我还没完成教学任务,只能推迟半个月出发。队长不在船上得有个临时召集人,我拿着大洋队的名单细看了几遍,发现有些资历的此时都不在船上。罗光富和范高晶分别是极地中心和自然资源部第二海洋研究所推荐的两位年轻人,有人推荐自然是有过人之处,就让他俩当代理队长吧。从上海起航到我从澳大利亚上船,他们也都尽心尽力履行着代理队长的职责。我上船后发现,这两位性格虽然内向,但工作都极其认真。我的队长职务,一直是罗光富代理着,他为我分担了不少组织学习、总结汇报等工作。范高晶被大家推举为宣传委员，遇到活动就为大家拍照，摄影水平还不错。

"孙队"是中国海洋大学派来的博士后孙永明，业务能力优秀自不必说，在专业上也很执着并富有责任心，在走航阶段的调查中崭露头角。物理海洋组几项重要的科研任务，讲究时效性和窗口时间，因此需要频繁和队长交换意见，也要召集队友们去执行，被称为"孙队"实属情理之中。

性格外向、言语幽默，在业余时间表现活跃者被大家称为"某队"的可能性比较大，比如"孔队"和"袁队"。"孔队"是来自武汉大学的孔建博士，测绘科学与技术专业，在船上的任务是负责管理重力仪，和多数人在业务上交集不大，但在业余时间表现活跃，在一帮小兄弟中很有号召力，因此被称为"孔队"。"袁队"就是大家熟悉的袁卓立博士，他对各类科考仪器都能玩得转，业余时间无论唱歌还是打牌，也都少不了他，因此被称为"袁队"。

但也有人工作、娱乐都很出彩却没有被大家称为"某队"。我也问过这帮小兄弟，到底要符合哪些条件才能被称呼为"队"。他们笑着说，队长只有一位啊，其他的"队"只是简称，因为大家以前都不认识，记住全名较困难，就用姓氏加"队"作为简称。这个说法大概能解释其中几位没有被称为"队"的原因。

来自自然资源部第一海洋研究所的滕飞，物理海洋专业出身，干活是绝对主力，从不吝啬力气，而且常和大家一起出谋划策，贡献绝对不小。他没有被称为"滕队"大概因为滕飞比"滕队"更上口，而且他是大洋队的"第一海拔高度"，没人会记不住、认不出他。还有来自国家海洋局南海分局的王德武，大家都叫他德武，从未称呼过"王队"。他工作上独当一面，人缘非常好，尤其受女士青睐。大家拿他当哥们，若尊他为首领反而显得见外。类似的情况还有自然资源部第二海洋研究所的张海峰，他身材结实，长相帅气，业务上是海洋化学组的召集人,大家只叫他海峰,从不叫"张队"。这些在我眼里不乏号召力,但又没有被称为"队"的科考人员,共同特点是有超强人气和超级人缘,他们像是领头雁,身边既有哥们兄弟,也有异性粉丝。

  细细揣摩一遍,被称为"队"者事出有因,没有称为"队"的,要么是他自身名号比"队"更响亮,要么是大家不忍心给他们一个让人见外的称呼。如此看来,我们大洋队有一个正式队长,依据是一纸官方任命,其他的"队"是大家给予的尊称,他们用各自的人格魅力和业务能力赢得了大家的尊敬。这就是我们的大洋队——一支由诸多"队长"组成的特殊队伍。

领队的笑容

2016-12-07

物资卸载（周景武 摄）

领队是此次科考队的最高领导。孙波领队不仅是极地中心的副主任，也是卓有成就的极地研究专家，他的一篇关于中山站附近冰盖的研究论文发表在 Nature 期刊上，在国际极地研究领域享有很高的声誉。他多次带队远征南极，所以此次考察对孙波领队来说是驾轻就熟。自打上船以来，我们相处已有三周，孙波领队并不缺少笑容，即便是在年轻队员面前也是平易近人。

从"雪龙"号停靠中山站附近冰面以来，天气时好时坏，加之今年冰情复杂，冰上通道未能按计划开通，给物资卸载和转运工作带来严峻挑战。如果不能按计划完成转运，科考队在中山站、昆仑站的工作将难以按计划开展。领队作为最高行政领导和首席科学家，面临的压力非常大。这些天他的笑容明显少了，据说身体也有不适。

今日午饭时，孙波领队面带笑容来到大洋队聚集的餐桌边。没等他开口，大家就感受到了领导的关怀以及他情绪的变化。大洋队曾是孙波领队不太放心的队伍，27名队员来自全国16所大学和科研机构，队员虽然主体上很年轻，但在专业领域都各有建树，并且他们所在的研究团队都是中国海洋科学界的绝对主力，团队负责人都是大名鼎鼎的海洋科学专家。这样一支队伍让一个半路出家的发型师来领导，弄不好就是一盘散沙，孙波领队曾表露过他的担忧。可今天，孙波领队对大洋队这些天来的表现给予充分肯定，在卸货和物资转运工作中，

掏箱作业（周景武 摄）

中山站转运（站长赵勇 摄）

  大洋队让人刮目相看。我们的表现使大家相信，这支队伍不仅有高学历、高智商，还有高度的政治觉悟和全局观念。

  孙波领队说，由于全体队员的积极努力和相互配合，卸货工作进展顺利，有望提前结束。科考队将安排直升机，把大洋队送上中山站，让大家看看我们在南极的研究基地，同时上个网，给家里打个电话。"雪龙"号与国内联系使用的是卫星通信，价格不便宜，而且需要使用专用手机。

  领队的笑容让大家感到宽慰，我们和领队一样，感觉到可以松一口气了，奔赴南极以来第一场硬仗终于胜利在望。我们期待着全体队员会师中山站的那一天。

徐副领队回来了

2016-12-08

此次科考队的副领队徐世杰分管大洋队,是我的直接领导,应该向大家介绍他。徐副领队言语谦和,处事周全。我的儿子是八〇后,他儿子是九〇后,而大洋队主要成员也都是八〇后和九〇后。因为这一层原因,我们对年轻成员的生活习惯、时髦语录甚至网络游戏都不陌生,建立互信自然容易。徐副领队在20世纪80年代毕业于中国海洋大学,正宗的海洋科学科班出身,任职于国家海洋局后,先后代表国家海洋局、科学技术部派驻智利,能说流利的英语和西班牙语,是难得的双外语人才。回国后多次带队赴南极、北极考察,对极地研究十分熟悉。

徐世杰副领队(左)看望冰上作业人员

"雪龙"号从上海起航后，徐副领队已在船上，我还在国内；我上船后又晕船好些天，航渡期间的科考基本上都是他在组织，因此队员们与他的关系自然是很亲近，大家相处十分融洽。

"雪龙"号停靠中山站冰面卸货后，他就上岸去了。他和孙波领队分工明确：孙波领队主持"雪龙"号的卸货，他在陆地指挥物资转运和入库。昨日他与内陆队员才从中山站一起回来，一周未见寒暄后有一种久违的感觉。只觉得他脸庞黑了不少，南极上空有臭氧空洞，空气中水蒸气含量又低，阳光辐射和雪地反射都很强烈。尽管有防晒霜的保护，大家脸庞肤色改变都差不多。

在那边他就听说过我们卸货期间表现不错，碰头会上自然少不了一通夸奖。在听取了大家的工作汇报后，他对大洋队在这一期间的工作量感到惊讶。在过去的一周里，我们不仅全力配合了卸货，预定的科考工作也没有耽误，完全按照预定计划全面铺开，而且工作都已经接近尾声。这主要得益于年轻队员强烈的事业心、责任心和进取心，而且工作安排策略得当。

12月4日风雪交加，直升机不能起飞，卸货只能暂停。大洋队适时安排队员进行冰上作业，揭开了我们在中山站附近海面科考工作的序幕。此后天气好转，冰上科考工作并没有停止，因为大家出勤率高，而且掏箱作业配合娴熟，在人力上完全能够保障卸货、科考两不误。在冰上作业的队员也自觉配合卸货，通常是直升机在飞行时，他们参加卸货；飞行员下班休息后，他们又出现在冰面上，有时甚至工作到次日4时，好在南极此时已是极昼，而且没有像北极熊这样捕食性动物的威胁。不失时机、不怕疲劳、连续作战，这就是极地科考的特点！

理发换故事

2016-12-15

自从妙星老师为我义务做广告打开了局面,我这发型师就不再愁没有顾客上门了。找我理发的多数是大洋队的队员,因为我承诺过今后大洋队干活靠大家,理发找队长,大家也就不再客气了。找我理发的也有船员,还有刚上船的中山站越冬队员。看来我这理发手艺在"雪龙"号上已经小有名气了。

虽然市场打开了,可我还是会在人群中物色新顾客。作为一个业余作家,上船后几乎是每天一篇日记,也就是每天一个故事,已经到了江郎才尽的地步,这往后的航程还长着呢,上哪去找故事题材?写故事可不像写小说,不能凭空想象,必须要有真实题材。参照中国改革开放初期用市场换技术的成熟经验,为了把这个业余作家继续当下去,我何不来一个理发换故事?对,就这么着,看准一个可能有故事的人,一面帮他理发一面聊,不愁挖不出题材。

王副领队是第一个被我看中的。早在"雪龙"号刚停靠冰面开始卸货时,我就提议要为他理个发。他回答说:"现在大家正忙,卸完货再说吧。"我们离开了中山站,紧接着又完成了潜标布放与回收,总算有些空闲了,我把他请进了理发室。

王副领队叫王建忠,为人随和,总是面带微笑,在此次科考队领导层中是看上去最随和的一位。他可是大名鼎鼎的英雄船长,有十几次带领"雪龙"号上北极、下南极的经历,因工作出色,从船长提拔到了极地中心的领导层,在"雪龙"号上大家还是叫他王船长。"雪龙"号开辟北极航道,完成环南极洲航行,为长城站、中山站运送人员和补给都有他的功劳,中国的南极、北极事业几乎没有他不知道的。我们一起去中山站时,他对那里的建筑如数家珍,来龙去脉言谈间介绍得一清二楚。

理个发不过十几分钟,不能奢望得到太多,只能先挑最想知道的问。

"中国第32次南极科考中山站越冬队做得相当不错,你们是怎么挑选队员的?"我先从熟悉的话题开始。

这个问题打开了王船长的话匣子。中国第32次南极科考中山站汤站长很有管理经验和能力,作风比较强硬。历年在选拔越冬队员时,都请专家对应征对象做心理分析,注重性格上的互补性。这支队伍中的其他队员不乏有主见者,但性格随和,不会过于固执。

选拔队员时先做心理分析,队员和队长要性格互补,不同性格特质的人员要有合理的比例,看来极地中心的管理水平不是一般的高。"我们选拔船员也遵循同样的原则,人品第一,能力第二,这是保证'雪龙'号船员具有较高素质的关键。"王船长说。"雪龙"号的船员,包括水手和技术人员大多数都是他挑选的。他在面试时较少提问,更多时间是观察应试者的实际表现,包括动作细节。"雪龙"号航行未出问题,和这位船长的用人标准不无关系。

"二副也是你选的吗?女性适合这个位置吗?"我好奇地问道。二副名叫罗捷,是个大美女,身材高挑,皮肤白皙,就算在上海这样的大都市,也有很高的回头率。当我感觉江郎才尽时,有人提醒说驾驶台有故事,指的就是这位美女二副。罗捷不是我们科考队的人,她是上海海事大学商船学院的老师,来这里是增长实践经验的,有利于她今后改进教学。她已经成家了,以后也不会长期待在船上。她上船发挥了很好的作用,我们的气氛因她活跃不少。"雪龙"号的船员一年中有一多半时间在海上,对女性而言很难兼顾家庭和事业,因此船上的女性基本上都是科考队员或科考队管理人员,罗捷是唯一的例外。

"听说你们学校也准备造科考船,是真的吗?"这次轮到他向我提问了。"造一艘科考船不是问题,关键是如何发挥它的作用,如果在管理和经营上没有清晰的思路,会造成很大的资源浪费,也会成为学校的财政负担。"我坦率地说了自己的看法。王船长对此表示认同。"现在国内一些科考船聘用的船长都是商船出身,这两种船在管理上不相同,管理混乱很容易出事。"他补充说。

才聊了一会,头发就剪好了。只顾聊天,也没有注意掌握手头的节奏。但愿他的头发能长得快一些,这样下次还能有机会向他继续讨教。

南极科考站的站长们

2016-12-17

"雪龙"号在中山站前往长城站的航渡途中,离南极半岛科考作业区还有几天的航程,我一面筹划着作业准备,一面忙里偷闲和汤站长唠嗑。

看了我的那篇《给"南极越冬综合征"开处方》的日记,汤站长对"医学专家"的观点表示赞同,"南极越冬综合征"的确是个让科考队困扰的问题,虽然中山站越冬队在管理上做得较好,但也不能说完全避免了这个问题。中山站在与毗邻的俄罗斯进步站、印度巴帝站,还有澳大利亚戴维斯站站长们互相串门聊天、交流管理经验中发现,大家面临着类似的问题。

某科考站站长A过生日的那天,汤站长带了几个同事去给他贺寿。一见面,只见那位站长一脸愁云,完全看不出过生日开心的样子。原来他们有个习俗,在生日宴会上每人都要说一句发自内心的话。队员们都说了些啥,让他如此伤感?队员A说:"你是一个大法官,什么都是你说了算!"队员B说:"你是一个独裁者,我们都得服从你!"队员C说:"和你在一起我一点都不快乐!"队员们居然没有一个对他说句好听的,哪怕是起码的祝福都没有,这让站长情何以堪?

虽然队员们言辞冒犯,但在服从管理方面并没有出格举动,这是付出惨痛代价换来的。他们站曾发生过好几起事故。痛定思痛之余,站长被赋予了很大的权力。

某科考站站长B的日子也不太好过。他的部下基本上都在西方受过教育，民主和自由观念深入骨髓，对于维护个人利益和权益都很有一套，但明显缺乏团队意识。去年他们站曾发生重大事故，一辆雪地车翻下十几米高的陡崖，车上3人逃脱，1人随车坠崖，造成全身多处骨折。尽管站长坚称没有人为过失，但这与平时管理涣散不无关系。

站长B经常在汤站长面前诉苦，表示队伍不好带。汤站长问："如果让你自己挑选队员，你会如何选择？"略加思索后，站长B说："队员中应该有25%的年长者有极地工作经验，50%的年长者没有极地工作经验，剩下25%的年轻人没有极地工作经验。"他进一步解释说："有极地工作经验的年长者以往的经验是一种财富，在执行任务中他们是中坚力量，但往往会以自我为中心，很难管理；没有极地工作经验的年长者有团队意识，他们以往的工作积累可以弥补极地经验的不足，这类人应该占多数；没有极地工作经验的年轻人工作热情高，体能充沛，可以作为培养对象。"

某科考站站长C相对潇洒一些。这位72岁的老站长在此工作多年，经验丰富是他的资本，因此行事相当强势。汤站长问："你给不同的队员分派不同的工作需要解释吗？"站长C自信地回答："不需要解释，那是我的决定。"汤站长又问："如果你让队员擦地板，擦得是否干净，谁说了算？有客观标准吗？"站长C回答说："当然我说了算，没有客观标准。"汤站长问："那你回国述职岂不要面对一大堆投诉？"

的确如此，站长C每年向他们南极事务局述职的一项重要内容是要逐项解释一大堆的投诉问题。由于经验老到，他应对投诉游刃有余。例如，队员A投诉，站长那天分苹果给了队员B最大的，却给我最小的。他的解释是那天是队员B的生日，所以给了他最大的。至于那天是不是队员B的生日又有谁会去考证？站长C信心满满地说："只要南极事务局需要，而且我的身体状况允许，这个站长我就会一直当下去。"

他的自信显然过了头。前不久他们站也发生了重大事故，一架直升机降落后，机长在绕机巡视时掉入冰裂缝，因衣着过于单薄没能撑到救援人员到达。要想推卸管理责任可不像解释投诉问题那么简单。72岁的老站长正在面临上级问责。不管调查报告的结果如何，站长应该是当不下去了。

队员们之间、队员和站长之间的矛盾和冲突的产生，心理专家认为"南极越冬综合征"是重要因素。人在孤独、封闭、缺乏自然光照和户外活动的环境中，性情会有明显改变。在这种极端条件下，一些在常规环境下能够克制的人性弱点变得容易暴露，有些人会情绪激动、易怒。

中山站有严格的指定吸烟区，除此以外都是禁烟区。有人在禁烟区吸烟，烟头烧穿了纸杯，还烫焦了桌面，好在桌面是阻燃材料，才没有酿成火灾。当站长问责时，吸烟的队员情绪激动，认为站长小题大做，辩解说："往年都不追究，为什么今年就不行？"面对坚持原则的站长，面对其他站不久前因吸烟引发火灾导致站毁人亡的事实，当事人在情绪平复后做了深刻检讨和道歉。类似的事情当然不止这一件，在南极漫长冬夜的特殊环境下，如何防止负面因素积累并爆发，对站长的领导能力是个严峻的考验。

这些经验也不是一两篇日记就能说清楚的，好在汤站长接受了我的邀请，在我们都回到国内并安排好各自的工作之后，他会去浙江大学舟山校区给我们的师生做专题报告，介绍中国的南极事业，也介绍中山站的成功经验。他的报告一定会比我的日记更精彩！

大洋队的新队员

2016-12-28

大洋队来了一名新队员,她就是随船采访我们科考工作的新华社记者荣启涵,大家叫她荣儿。在两周前的工作例行小结中我把她列为大洋队的队员,原因是她获得了"雪龙"号乒乓球比赛女子组亚军,而大洋队的成绩有些惨不忍睹,把她的银牌算在大洋队名下实属"面子"需要。我给出的解释是大洋队有几位男队员在赛前是她的陪练兼教练。虽然理由有些牵强,没人反驳算是给大洋队一些心理安慰。

作为回报,我要求大家积极配合荣儿的工作,如遇采访一定要知无不言。这嘱咐实在是多余,能被记者采访并报道,只有"傻瓜"才会拒绝。前几天刚好轮到荣儿帮厨,任务之一是饭后打扫餐厅。偌大的餐厅要一个九〇后女生去打理一遍也够累的,我安排了两名队员去帮忙,那地板自然拖得格外干净,餐桌也几乎能当镜子了!

大家愿意帮助荣儿,不仅是因为她帮我们拿了亚军,还希望她能给我们带来

荣启涵在过滤处理海水样品(罗光富 摄)

更大的荣誉。再有一个月就是"雪龙"号的春节晚会,荣儿能歌善舞,定能给大洋队挣来更多"面子"。原本打算过段时间等我们南极科考作业结束,在庆功晚宴上再正式邀请荣儿加入大洋队,没想到她提前报到入列了。

这些天随着科考作业的紧张进行,大洋队的队员们睡眠很少,每晚能睡5小时算是奢侈,有些人只能睡2~3小时。荣儿看到大家如此劳累忙碌,时常在实验室中一会儿帮张三提水,一会儿帮李四过滤,忙得不亦乐乎。一开始她还没有固定岗位,很快她就找到了最适合她的岗位,那就是过滤水样。海水样品处理前的重要步骤是滤除海水中的悬浮颗粒和微生物。"如果能有人帮忙过滤,或许我晚上还能睡2~3小时。"实验室负责人一脸疲倦地说。在附近帮忙的荣儿自告奋勇地揽下了这项工作。

在滤芯上贴滤膜可是个细致活。我站在荣儿身后,看着她先将滤膜湿润,小心翼翼地贴在滤芯上。她贴得十分平整,没有褶皱和气泡,熟练程度不亚于受过专业训练的研究生。听到我夸奖,荣儿告诉我,她妈妈就是这个专业的。可能在她儿时,母亲忙不过来时常带她去实验室,耳濡目染下她自然学会了一些基本操作。她没有选择母亲的专业,难道是受父亲的熏陶?这印证了我此前的判断,荣儿是大家闺秀,她的举止言行无一不体现出她的良好家教。

荣儿的表现得到一致称赞。领队听到我的汇报,脱口说道:"这孩子真不简单。"除了写报道,荣儿上船前还准备了一大堆和南极、南大洋有关的素材。在大洋队年长、年轻科学家们的帮助下,荣儿将这些素材,连同随船采访所得,整理成一个个科普视频,放在网上供大家浏览。面对网络上的海量信息,读者会选择性阅读自己感兴趣的文章和视频,就像鱼儿咬钩。宣传是否成功已经有了量化指标,那就是点击量。荣儿此前关于南极科考的科普视频没几天就被点击了10多万次,可见她的业务能力不一般。

科考作业开始后,荣儿在大洋队中出现的频率绝对不少于此前的"小萝卜",俨然是大洋队的正式队员。想当初"小萝卜"有意加入大洋队是因为我们中有人帮她干活。是谁有那么大的魅力,能让荣儿来帮我们干活?当有人提出这个问题时,"小诸葛"只是尴尬一笑,只怕他大洋队"四大才子"之首的位置要让贤了。

就在大家要给"小诸葛"、袁卓立博士、罗光富、孔建这"四大才子"重新排序时,我一本正经地说:"荣儿给我们帮忙是来体验生活,是新闻报道工作的需要。你们和荣儿开玩笑可要有分寸,如果把她吓跑了,那样我们损失可大了,你们可能连见到她的机会都少了。"少了荣儿谁来给我们帮忙?离开知名媒体,谁还会知道我们大洋队?再说了,有谁不愿意天天见到荣儿?尽管有些人看见她会脸红,看不见恐

荣启涵在工作中(张海鹏 摄)

怕会心疼。这帮小伙子们纷纷赌咒发誓,今后再也不拿荣儿开玩笑了。为了慎重起见,他们一致同意,若有人违反约定,就罚他给大家洗碗。大洋队连荣儿一起有28人,每天要洗28份碗筷,这惩罚也够重了,相信不会有人愿意以身试法。

　　荣儿成为大洋队正式队员是大家的期待。大家还选她当副队长,主管宣传和形象工程。

不一般的火锅宴

2017-01-07

"雪龙"号时常会安排小型的火锅宴给船员、科考队员庆祝生日，同宿舍的室友和同一间办公室的室友可以跟着沾光。我们已经完成南极半岛附近海域5条断面的作业任务，领队承诺要给大洋队安排一次火锅宴。这次火锅宴是一次庆功宴，举办的理由不一般，但它的不一般可不仅于此。

首先，举办的日期不一般。和"雪龙"号的缪总管商量了几次，他都说要给我们挑一个好日子，直到昨天午饭后，他走过来笑着对我说："今天是黄道吉日，适合举行火锅宴。"我手头没有黄历，只有气象预报，上面写着今天从午后起受气旋影响风浪增大，不适合小艇卸货作业，这就是缪总管说的黄道吉日。不管怎么说，阳历是2017年1月6日，农历是腊月初九。"在中国人眼里，数字6意味着顺利，数字9是最大的个位数，意味着尊贵。今天的确是个好日子。"我笑着说。这笑容似曾相识，那就是鲁迅笔下的阿Q。

有人提醒还有两位大哥在长城站没回来，是不是建议缪总管改期？这举行火锅宴的日子的确很有讲究，卸货期间别人在忙，不行；卸货之后我们自己还有两天作业，也不行。往智利航渡前半段穿越德雷克海峡风浪太大，不行；后半段有一半队员忙着打点行装回家，也不行。真的只有今天最合适。只好委屈两位大哥了，我们可以给他们留些好吃的。队员们觉得可以接受我的解释，分头去通知并准备着。

其次，能够全程参与的人都不一般。除了两位大哥被风浪留在了长城站没能参加火锅宴外,还有2~3位晕船的队员没能参加。尽管他们在海上已经航行了两个多月,但我们前面的航程实在是太顺利了,连续十来天波澜不惊,再次遭遇恶劣天气,得有个重新适应的过程。面对难得的美味佳肴,他们只能选择放弃。

  还有几位虽然到场,却没能坚持到宴会结束。最先退场的是自然资源部第一海洋研究所的郑晓玲老师,进来时还神采奕奕,没多久就嚷着好冷。王德武脱下自己的队服递过去。郑晓玲老师也不客气,穿上队服后说:"德武啊,我们怎么到现在才感受到你的温暖,你早前的温暖都给谁了?"王德武助人为乐可是名声在外,面对郑晓玲老师的调侃和揶揄只能报以尴尬的微笑。大洋队的师妹们都时常得到他的帮助,但对年长的郑晓玲老师他却有些敬而远之。过了没多久,郑晓玲老师坐不住了,原来船晃得厉害,她开始晕船了。此时火锅宴还没开始,就被风浪"放倒"了一个。另外几位女队员只参加了上半场,她们吃了些素菜就匆匆离场,显然也是抗风浪能力不够强。竟然还有人选择参加下半场,那是自然资源部第二海洋研究所的李栋老师,几位美女离去后他匆匆而来,海吃一顿后又匆匆离去。风起浪涌时他就在床上躺着,忽然觉得风浪小了,肚子也饿了,所以跑来吃一顿。过西风带时我几乎没在餐厅见到过他,今天他能在这种环境下出现,并且能吃上一顿已经是大有进步了。

  除了大洋队的队员,我们还请来了两位不一般的宾客。第一位是徐副领队,他是一位"老海洋",今天这点风浪对他不算什么。他在整个宴会上谈笑风生,依次和大家碰杯,对大家在作业期间的优异表现进行了表扬。能被领导肯定和赞扬让年轻队员们倍受鼓舞,情绪高涨。另一位客人是荣儿,虽然我们自认为她已经加入了大洋队,但领导们从未宣布过。荣儿竟然不晕船,我提议得到过荣儿帮助的应该敬荣儿一杯。"罗队"站起来,举着酒杯真诚地向荣儿道谢——在作业最紧张的时候，是荣儿在他的实验室帮助过滤水样，几乎顶了一个专职队员。昨天荣儿不在船上，想念她的应该敬一杯，这个建议考验的是小伙子们的胆量。"孔队"举着酒杯站起来，他纠正我的话说："'叶队'，我想念的可不是荣儿一人，我担心的是如果那些美女们上岸后不再回来，我们今后这100多天可怎么过。"小伙子够坦率的，昨天随领队去长城站慰问的还有办公室主任和办公室秘书，都是大美女。没有美女的世界就像没有花朵的春天，我很理解"孔队"的心情，其他小伙子不敢这么说，但他们何尝不这么想？姑娘小伙们互相激励对于形成良性工作环境大有助益。

　　火锅宴在高潮中结束，大家都很尽兴。大家在南极半岛作业期间的表现得到了充分的肯定，大洋队一片和谐的氛围。食材并不特殊，但气氛的确不一般。

大哥们回来了

2017-01-08

回收电缆（右一为滕飞，兰圣伟 摄）

被极地气旋滞留在长城站一晚，错过了庆功火锅宴的两位大哥昨天中午时分终于回来了，一帮兄弟拥上前去嘘寒问暖，好似久别重逢一般，那情景可真是感人！

"大哥"这头衔得来不易，在一帮同龄人中，他们脱颖而出，用他们的人格魅力，也用他们的工作能力赢得了同伴们的信服和尊敬。他们没有官方任命，因此也没有实质性权力，但弟兄们对他们说的话言听计从，他们从不计较个人得失，自有兄弟们维护他们的利益。就像举办火锅宴这种小事，之前有人提醒大哥不在，过后有人拿上一堆食物，留待他们回来后享用,这就是大哥。其中一位是来自然资源部第一海洋研究所的滕飞,另一位是来自自然资源部第二海洋研究所的张海峰。自然资源部第一海洋研究所和自然资源部第二海洋研究所,看番号就知道是国家海洋局系统的领头羊,大哥级人物出自这两个单位实乃情理之中。

滕飞承担的科考任务其实是在最后,就是当我们再次回到中山站时,负责回收布放在普里兹湾海域的潜标。所里把他早早派上船,应该是要他为"中国第33次南极科学考察现场实施计划"的顺利执行保驾护航,滕飞也的确担负起了这一重任。虽然他的科研任务在航次后期,但他自上船后就没闲着,关键时刻总能看到他在发挥重要作用。比如此前在普里兹湾M4站位回收潜标时,海面上有大片浮冰,只有一个不大的冰间水塘,发出声学释放指令后如果潜标被浮冰遮盖将无法回收。我在驾驶台和王副领队商议后认为风险太大,如果无法回收可放弃。通过对讲机我向他转告了这一意见,但还是尊重他作为现场指挥的决定权。滕飞让"雪龙"号绕潜标一周,经过声学定位确认潜标位于水塘中心位置,再根据风速和洋流速度,估算出潜标不至于漂至水塘外的浮冰下,他果断发出了释放指令,几分钟后驾驶台就看到了潜标顶部的红色浮球,与水塘边部的大片浮冰距离在100~200m之间,与此前的测算结果吻合。这次在南极半岛的科考作业,又是他和来自中国海洋大学的孙永明一起坐镇中甲板指挥室,担任现场指挥。这就是滕飞——一位值得信赖的大哥和朋友。

张海峰担任的也是这样的关键角色。还是在普里兹湾,他负责的是M6站位旧潜标的回收作业和新潜标的布放作业。作业前我就吩咐他和国内联系,索取去年布放潜标的作业记录,得到的答复是,能够提供的只有潜标的地理坐标。这样的答复让我脊背发凉。没有任何文字说明,我怎能判断这个坐标是最初的设计点位,还是潜标的实际入水点位？要知道从船舶到达设计点位实施布放作业，到潜标最后的重块入水，所需要的时间长短不一，在这段时间因为海风和洋流的影响，船漂移的距离也不同。我对张海峰说："你这次布放新潜标，能否写出一个完整的布放作业记录，让来年他人执行回收时不会产生任何疑问和争议？""没问题！"他语气坚定的回答，让我吃了一颗定心丸。果然M6新潜标的布放细节都做得非常到位：挂载的设备都经过例行检测确认性能正常，电源开关都被确认处于定时开启的位置，所有的连接部位依次被确认连接可靠，投放时依次记录了第一浮球入水坐标、沉积物捕获器入水坐标、重块入水坐标。这些坐标不仅有文字记录和说明，更有照片作为附图，杜绝了人为的笔误。潜标入水后，"雪龙"号对潜标执行了三点定位，与重块入水时的坐标一致，并最后确定了潜标声学应答正常。目前国内还缺乏潜标布放作业规范，我会建议自然资源部第二海洋研究所把这次张海峰等人布放M6潜标的作业记录作为范本，编写出一个规范，甚至是行业标准。

在南极半岛科考作业中，张海峰负责水样分配，这可是件棘手的差事！几家单位、不同的课题组为了分配水样难免会有争执。张海峰对每项分析需要多少水样心中有数，分配的数量自然拿捏准确。加上领头大哥的身份和帅气的外表，他说话格外有分量，今年的科考从未有人为水样分配的事来打扰我。往年对这事"斤斤计较"的美女们今年表现得格外大度。也曾看见他和一位队员为水样分配"过招"。一番"讨价还价"后，张海峰说："好吧，某深度的水样给你增加一升，其他免谈，要不我这位置让给你。"他两眼直视对方，那神态分明是说不行就把你交给那帮美女，看她们怎么收拾你。对面的队员挥挥手叹口气说："算了算了，就这样了。"留在心里没说出来的仿佛是"这群美女咱可惹不起，谁让我长得没你帅"。

大哥们的事迹很难用一篇日记来概括，回过头来说说他们这次被气旋滞留在长城站的经历。

那天滕飞是上午值班。中午交接班时,看到天色不好,他让一起值班的队员回到"雪龙"号,他自己留在了"黄河"艇上。张海峰是下午值班,一个班有4位队员,他也是自告奋勇下到了艇上。交班后不久,随着风起浪涌,几十吨的"黄河"艇上下颠簸已经很难操控,2万t的"雪龙"号在强风吹袭下发生走锚,开始顺风漂移。麦克斯威尔海湾水域狭窄,万一触礁后果不堪设想。"雪龙"号紧急起锚,驶往开阔水域避风。"黄河"艇拖带着载有货物的驳子,艰难地驶往长城站,停靠在码头避风。

这码头并不是可靠的避难所。在7级以上的狂风和大浪驱动下,"黄河"艇像一匹没有缰绳的野马,上蹿下跳先后崩断了3根钢缆,换上了粗一号的钢缆才勉强被拴住。艇身上的缓冲橡胶垫早已被撞烂并被流水冲得不知去向,"黄河"艇与码头之间发出"咣当咣当"的撞击声,让人揪心。由于担心"黄河"艇被撞碎或码头被撞坏,他们找来旧轮胎,挂在码头边,每隔两小时就要起来查看一次,涨潮时把轮胎提起一些,落潮时放下去一些。他们和几个水手几乎度过了一个不眠之夜。第二天风力减弱但海浪未消,"雪龙"号回到锚地,"黄河"艇拖带着满载货物的驳子踏浪驶离码头,往常只需15分钟的2km航程,这次费尽周折近两小时才靠上了"雪龙"号。艇上的一位常年出海的水手竟然出现晕船呕吐,两位大哥依然屹立不倒!

今年的南大洋科考,年轻队员的表现让我感到欣慰,有道是"江山代有才人出,各领风骚数百年",没准下一任的大洋队队长就会出自这些年轻队员。我也相信,在本次南大洋科考中表现出色的佼佼者,日后将有可能成为中国海洋科学界的领军人物。

大洋队的第一师姐

2017-01-09

大洋队除了荣儿还有4位女性,也就是师姐们。她们的共同特点是都会晕船,只是程度略有差别,一遇上恶劣天气,在食堂就很难看到她们。但在南极半岛作业区,真正要上阵干活时,她们都齐刷刷地出现在各自的岗位上。不管白天黑夜,连续10天,只要有海水上来,她们都像男队员一样尽力履行各自的职责,一点都不含糊。

真正被大家见面就称师姐,自身姓名都很少被称呼的只有一位,那就是厦门大学的王博。她能成为大众师姐和年龄无关,论年纪她在大洋队中排名很靠后,只比九〇后大了几个月。因为她出来执行任务还带着一个1993年出生的师弟,大家跟着师弟称她师姐,她自然成了大洋队的第一师姐。

这位1989年出生的博士生师姐加上一位1993年的硕士生师弟组成的团队,人均年龄绝对是最年轻的。我也询问过他们的工作计划,是研究海水中的放射性同位素和稳定同位素。每个Ra的放射性同位素样品需要处理180L海水;C、N稳定同位素样品需要尽快处理,否则数据质量会受影响。仅此两项工作量就非同小可,此外还有Po、Pb放射性同位素。

到达南极半岛作业区之前,海洋化学组的大哥张海峰就有话在先:"作业开始后我们自顾不暇,兄弟姐妹们都自己照顾好自己。"其他单位要么人多势众,要么有个大哥召集一帮"散兵游勇"组成临时团队,只有这厦门大学团队是真正要自己照顾自己。

南极半岛作业区有5条断面,40多个站位,需要连续作业10天。事先曾担心他们可能坚持不下来,因此嘱咐过师姐:"如果你们感觉太疲劳,可以适当放弃一些站位,特别是相隔太近的站位,可以选择性地做。"师姐点点头。

作业开始后,连续作业10天,经常看到师姐伏在办公桌上,师弟在不远处靠在椅子上,她们就这样利用2小时左右的航渡时间小憩片刻。物理海洋组的那帮队员们有些于心不忍,也时常安排1~2位队员过来帮忙。师姐没有忘记导师的嘱托,对样品处理的质量丝毫不敢掉以轻心,来帮忙的只能做些辅助性的工作,关键性的步骤她一直坚持自己动手,因为担心专业背景不同的人得出的数据不合要求。在南极半岛作业区有40多个站位,他们也就放弃了1~2个站位,基本上就这么硬扛过来了。好在老天帮忙,连续10天都风平浪静,不然的话师姐晕船,师弟一人无论如何也干不下来。

我所在的大办公室,满员时应该有8个人。起初这里是很热闹的地方,大家打牌、玩游戏、说笑。看到我"百毒不侵",人也就慢慢少了,爱玩的都不知去哪儿了,就剩这厦门大学的师姐弟天天都在,他们可是在看文献。

在我指导的研究生中,像师姐这样的女研究生还不少。客观说,女生的自我约束力要优于男生,这可能是导师对她们放心的主要原因。

"雪龙"号的守护神

2017-01-15

昨夜风平浪静,我们在一夜酣睡中不知不觉就渡过了德雷克海峡,也穿越了赫赫有名、令人生畏的西风带。如此顺利的穿越,得益于强有力的气象保障,也得益于"雪龙"号各部门间的协调配合。把"雪龙"号的气象保障组称为守护神并不过分。

今天早晨走上驾驶台,周晓英老师正在通过卫星收取气象资料,年轻队员们都叫她"周姐"。她指着刚收到的气压实况图说:"一个强气旋正位于我们身后,在我们昨晚驶过的航道上,如果我们不是提前几小时出发,就会正面遭遇这个气旋。西风带天气变化节奏很快,相差几小时结果会大不相同。我们再往前风力也不小,但已经在南美大陆近岸地带航行,海况不会太差。"

"雪龙"号一路走来都在和气旋赛跑,与恶劣海况周旋。气象保障组的工作就是告诉我们气旋在哪里、何时到达、风浪有多大,这对指挥者、决策者来说至关重要。

上周长城站附近受气旋影响,直升机和"黄河"艇都无法作业,科考队是在锚地避风还是外出作业,周姐事先征询过我们的意见,我告诉她只要船开出去我们都有办法应对。气象保障室按平均值提供了7~8级的风力预报。前两个作业点风力的确是7~8级,但在第三个作业点遭遇了10级强风。这里地处象岛和乔治王岛之间,岛屿的约束效应(或风道效应)是造成这里风浪较大的主要因素。经过会商,我们放弃了岛间作业点,并按周姐的建议在乔治王岛的背风面布设了替代作业点,顺利完成任务,并取得了良好的效果。冒风作业并非他们不知道有风道效应,而是因为如果在锚地避风,"雪龙"号将白白损失两天时间,给后续工作带来时间压力。

气象保障组与作业部门默契配合的实例比比皆是。在两周前,当我们即将完成DB断面作业时,气象保障室同事问询我:"领队在向我们要近期气象预报,是不是领队没有看到我们此前提供的预报?"我告诉她,领队此刻需要的不是作业区的预报,而是长城站的预报。因为剩余的作业站点都在长城站附近,领队的打算是卸货和大洋作业交替进行,以便更合理地利用天气。

刚到长城站不久,气旋尾随而来,卸货作业点恰好在气旋中心位置。"黄河"艇和驳子是否能够如期开展作业,气象条件是决定性因素。周姐给出的判断是气旋中心风力不大,而且长城湾水域狭窄,涌浪也不大。"雪龙"号根据这一判断,果断卸下"黄河"艇和驳子,赢得了一天半的作业时间。

正是因为有这样的气象保障,"雪龙"号在每一环节都能踩准天气的节奏,像一条游龙周旋在气旋之间。

放飞(宋毅 摄)

与智利南极研究所的互访

2017-01-18

时任科学技术部部长万钢1月18日访问了位于蓬塔·阿雷纳斯的智利南极研究所(Inach)，不知是否巧合，"雪龙"号昨天刚刚到达蓬塔·阿雷纳斯。根据万钢部长的建议，"雪龙"号派出几位科学家，由徐世杰副领队带队，陪同一起访问Inach。

因为蓬塔·阿雷纳斯码头只有一个深水泊位能供"雪龙"号停泊，但目前正被其他船舶占用，"雪龙"号到达蓬塔·阿雷纳斯后在岸外锚地抛锚等待进港。我们只能乘摆渡的小交通艇去码头。

接送人员的小交通艇比预定时间迟了约半小时才靠上"雪龙"号，我们攀着绳梯下到小交通艇上。一路上徐世杰副领队操着流利的西班牙语和驾驶员对话，大概是问停靠哪个泊位，上岸后怎么走。艇员们对中国客人充满好奇，也很客气。

等我们赶到代表团入住的宾馆，已经有人在大门口等候，稍候片刻，万钢部长走出宾馆，和大家握手、问候、寒暄。作为学者型官员，他显得格外平易近人，他特别询问了"雪龙"号在海上的工作情况。和代表团一起访问Inach的10多人，包括科学技术部官员、中国驻智利大使馆官员，还有来自"雪龙"号、长城站的科学家。

万钢部长在Inach的活动短暂而高效。见面寒暄后就直奔主题，听对方介绍Inach的业务。因为所长已经去南极半岛，所以由副所长出面介绍。对方在介绍中突出的要点是以下4点。

（1）智利、俄罗斯、乌拉圭是最早在南极半岛建立科考站的国家。

从2005年以来,在南极半岛建站的国家迅速增加,目前已有20个国家在这一地区建设了科考站。

(2)智利的南极政策之一是为各国的科考和研究提供便利,蓬塔·阿雷纳斯已经成为世界各国进入南极半岛的门户和补给基地。蓬塔·阿雷纳斯至南极半岛已有商业航班,海上补给通道也已建立。

(3)自2005年以来,智利从事南极研究的科学家人数增长了7倍,设备投入增加了4倍,人均经费增长了1.5倍。智利的南极研究涵盖了自然科学的各个方面。

(4)智利科学家关于南极的论文数从1996年的个位数,到2016年已超过100篇,引用次数从10余次增加到一年内被他引1600余次。智利南极研究所已经具有国际影响力,南极研究也已成为智利的国家名片。

万钢部长与Inach的专家交流了关于南极冰盖变化及其对全球气候变化影响的看法。Inach的专家告诉我们,关于全球变暖导致冰盖

时任中国科学技术部部长万钢访问智利南极研究所(Inach)

缩减的看法适合于北极,但未必适合于南极。南极冰盖是否有缩小目前还没有一致性看法。万钢部长强调,中国政府非常重视南极研究,并期待在该领域加强与智利科学家们的合作。

结束在Inach的访问交流后,万钢部长立即赶往机场,搭乘智利空军的班机前往南极半岛的长城站视察。附近的智利、俄罗斯科考站的科学家将在长城站和万钢部长座谈。

送别了万钢部长,我们原路返回小交通艇,没想到遭遇突起的大风。从码头到"雪龙"号不过300~400m,10多吨的小交通艇乘风踏浪也没有觉得太危险。靠近"雪龙"号时,登船作业却遇到很大麻烦。"雪龙"号的绳梯此时正处于迎风面,海浪拍击"雪龙"号的回波与后浪的叠加效应,形成的组合浪让小交通艇像脱缰野马一般难以驾驭。手腕粗的尼龙缆绳片刻间就被挣断,6~7m的颠簸与20多度的左右摇摆,对于患有"运动过敏综合征"的我来说是个严峻考验。

小交通艇驾驶员一面呼叫增援,一面把小交通艇从"雪龙"号的迎风面开到了背风面。前来增援的另一艘小交通艇在我们乘坐的这一艘上风方向定位,也就是把艇艏挤在"雪龙"号上,然后开足尾桨马力使艇身像铆钉一样固定在"雪龙"号上,为我们遮挡一些风浪。待"雪龙"号的悬梯到位,我迫不及待地抓住绳梯奋力攀爬上去。在小交通艇上再多待哪怕一小会儿,我可能就会晕船呕吐,恐怕就不会再有力气爬绳梯了。

我们回到"雪龙"号的甲板就像落水者回到岸上一般,6~7级风浪能让小交通艇上的人失魂落魄,但对锚地中的"雪龙"号却是波澜不惊。回到房间刚躺下就接到通知,下午Inach的朋友要回访"雪龙"号。

来访的朋友16时登船,风浪已经小了很多,"雪龙"号放下罐笼,10多位客人分两批轻松上船。在这批客人中有Inach的副所长、首席科学家、对外联络部负责人,还有智利其他大学参与南极研究的科学家。客人精心准备了10个学术报告,连同我方的5个报告,交流会一直持续到20时。非正式交流则从饭桌上持续到了22时30分。

借助南极交流发展各国间的学术交流与合作,乃至推进国际关系,是智利的民间外交手段之一。Inach作为一个学术研究所,隶属于智利外交部管,而不是科学技术部,这是他们独到之处。他们也曾考虑过是否将Inach归属科学技术部,但讨论的结果是维持目前的体制。

在会议上的学术交流和餐桌上的非正式交谈都表明,智利朋友都非常重视与中国的合作。徐副领队提议,在蓬塔·阿雷纳斯Inach即将建设的新址旁设立中国极地办公室的后勤保障办公室,与智利方面联合为长城站提供后勤保障。这一提议得到了智利方面的积极回应。智利方面对中国的制造能力评价很高,他们每年都从中国进口各类工业产品,Inach一些野外装备也都是从中国采购。

与Inach的互访,增进了两国科学家的相互了解,也为今后的进一步合作奠定了基础。

万钢部长视察"雪龙"号

2017-01-19

万钢部长视察"雪龙"号(兰圣伟 摄)

　　万钢部长一行昨日上午访问了Inach后,马不停蹄地飞往长城站,当晚返回蓬塔·阿雷纳斯,今日上午又要来"雪龙"号视察并看望科考队员。

　　我们按照先前的部署,第一项任务是安排4位队员在代表团行进路线上当引导员。大家此前的建议是安排女队员当引导员,临上场时其中一位提出换人,理由是因为时差没有倒过来,影响了她的形象。不得已临时把袁卓立拉来,因为他形象比较好。安排妥当后,4人愉快上岗了。

　　其他队员在甲板上列队迎候代表团的到来。大洋队员身着火红的冲锋衣站在前排,我们的身后是穿白色制服的船员,颜色上似乎像冰火组合。二副罗捷,平日便装就美艳动人,今天身着制服更显得英姿飒爽,引得大洋队的小伙子们不时回头看。如果领导们来了大家注意力不集中岂不影响欢迎效果?我喊了一声:"大家向后转,看看二副穿制服是啥样。"罗捷和小伙子们都显得不好意思,从此队列中再没人随意回头。

代表团10时准时到达,在码头与迎候的领队、船长、政委等人一一握手寒暄,代表团抬头看见科考队员和船员在甲板上列队鼓掌,便向大家挥手致意表示感谢。代表团登船后大洋队队员回到各自的岗位,准备在领导视察时简要汇报各自的工作。

我的岗位在物理海洋实验室,这里也是我们进行科考作业时的现场指挥室。代表团在听取了领队汇报,视察了驾驶台后,来到了大洋队的实验室。我指着电子屏幕上的海图和作业站位,汇报了我们刚完

船员在甲板列队欢迎代表团,左三为二副罗捷(妙星 摄)

成的南极半岛海域的作业情况。万钢部长对大家的辛勤作业表示问候，也谈到了科学技术部在深远海技术领域的规划和重大项目安排。在随行人员的催促下，万钢部长一行走进了化学实验室。自然资源部第二海洋研究所的张海峰显得格外机灵，见面先喊校长好。他在同济大学读硕士时，万钢部长是同济大学的校长。这一声"校长好！"听来既得体又亲切。介绍完自己承担的工作，张海峰拿出事先准备好的笔记本对老校长说："今年是同济大学110周年校庆，期待得到校长的关怀。"万钢部长迟疑片刻，接过笔记本在扉页上写下了"同舟共济"4个字。内容上是鼓励大家在"雪龙"号上团结互助，首尾两字是"同"和"济"，代表了同济大学前辈对晚辈的提携与关怀，以及对母校的问候。

  代表团视察实验室后去餐厅用餐，队员们则来到物理海洋实验室，对刚才的场面兴奋不已。大家都对张海峰表示祝贺，也夸奖他的机灵。因为代表团时间有限，自然资源部第三海洋研究所詹力扬老师的实验室与代表团擦肩而过，没有得到向领导汇报与展示的机会。他们的温室气体船载走航分析系统是唯一的科学技术部资助项目，也是最具亮点的船载实验装备。我安慰詹力扬老师，会有崭露头角的机会。趁代表团在用餐之时，我们回到甲板重新列队。

  代表团中午的自助餐只用了30分钟，看到袁卓立还在引导员位置，万钢部长走过去和他握手道别。大概事先没有料到大家在甲板列队欢送他，走出舱门的万钢部长不顾随行人员的催促，坚持和欢送的队员、船员一一握手，走下舷梯后还面向"雪龙"号发表了简短的讲话，鼓励大家继续努力完成后续任务。队员和船员们热烈鼓掌，有人高喊谢谢领导关怀，引来了众人齐声高喊。

  代表团离去后，大家对能参与南极科考深感荣幸。

春晚总动员

2017-01-22

来自"雪龙"号的祝福(兰圣伟 摄)

在船上每天都很忙,不知道时间过得有多快。昨天开船后有人提醒我,就要过春节了,大洋队要积极出节目。自从2016年11月18日登上"雪龙"号,不知不觉已经过去了两个多月。元旦是在紧张的作业中度过的,掐指一算,今年春节就在本周末,我们正在驶往罗斯海作业区的航渡途中,没有作业任务,自当好好庆祝一番。

迎春节过大年是中国人的传统,"雪龙"号也有自己的传统,组织一台自己的春节晚会。"雪龙"号春节晚会已进入倒计时,剩下不到一周时间,困难可想而知。好在大洋队人才济济,需要时自有能人站出来担当重任。

第一个脱颖而出的是武汉大学的孔建,他被"雪龙"号党办指定为春晚执行导演,负责节目的组织与协调。孔建被选中绝非偶然,自从上船后,他就热心公共事务,而且语言能力强,说话机智幽默,被大家尊称"孔队"。他和另外三位小伙子一起,并列为大洋队的"四大才子",可见他的能力与才艺都很出色。更为难得的是他为人十分谦逊低调。在业务上他本人和他所在团队都很有影响力,无论是发表论文的数量、影响因子,还是在测绘工程领域的技术水平,他们在同行中都属于佼佼者。正因为如此,孔建随"雪龙"号出征南极,武汉大学校长亲往送行。尽管在业务上非常出色,但从未见他咄咄逼人,在美女面前尤为低调,从不张扬。

"孔队"从党政办领受任务后自然不敢怠慢,一面张罗节目,一面协调人力参加。最困难的是舞蹈类节目,一方面跳舞需要动作协调性好,有一定的天赋,通过快速培训速成的确有些困难,另一方面年轻小伙大多数都有"美女恐惧综合征",也就是在美女面前紧张、脸红。要上台跳舞首先要经过荣儿培训,你说学员见到教练先紧张脸红如何学得会?不知"孔队"会如何解决这个难题。

面对上台演出,有人怯场低调,但也有人毛遂自荐。在协调会上,第一个跳出来的张峤说:"我喜欢唱歌,并且唱得相当不错。"敢如此说话自然是才艺惊人,我当即决定由她来一首女声独唱,再让她和王德武演出男女声二重唱。张峤果然没有让众人失望,试唱时她的一首《前门情思大碗茶》技惊四座,那京腔韵味、历史情怀通过她抑扬顿挫的歌声表达得惟妙惟肖,嗓音和节律都有专业水准。她与王德武合唱的《明天会更好》引来了听众齐声附和,试唱会的气氛也达到了高潮,这正是春节晚会追求的效果。这两首歌得到大家的一致认可。

王德武的独唱就没那么顺利了。他的普通话不够标准,因此决定用粤语演唱。曲库中香港歌星的粤语歌曲被普遍认为存在不够大气的问题,王德武唱了一首又一首,虽然唱功不错,但内容得不到大家认可。唯一一首推荐到试唱会的《念亲恩》也被认为过于忧伤,不适合春晚演唱。这"雪龙"号春晚节目的门槛可不低。

　　另一位毛遂自荐者是孙全。他会吹陶笛,因为陶笛大家难得一见,物以稀为贵,自然应该让他试试。陶笛属于古典乐器,由骨笛演化而来,音调低沉优美。孙全领受任务后,大家时常在走廊上听见他练习的笛声。会一门乐器的人声乐功底自然不差,试唱会上,他演唱的《梦想天堂》也获得了大家的认可,或许能替代王德武担当男生独唱。

　　最棘手的是"三句半"。"雪龙"号的政委对这个节目情有独钟,认为历届大洋队在这个节目上都表现不错,因此被列为大洋队保留节目。但我们这届大洋队大家都不太熟悉这个节目。此前曾委托袁卓立写台词,但他回国后联系不上。好在党政办的文俊提供了去年的台词作为样本,并对孔建说:"'叶队'同意上这个节目,这分明是赶鸭子上架。"拿过旧台词一看,才明白所谓的"三句半"其实就是打油诗,前三句是五言,后面的半句只有两字。这对号称业余作家、兼职诗人的我来说太简单了。上船后几乎每天一篇日记,经历过的事都有详细记载。我就以日记为线索,用打油诗的格式把我们经历的事叙述一遍,在一小时内就搞定了台词。对外吹嘘说我半小时搞定,引来了一片惊叹。光有台词还不行,这节目还讲究声情并茂和肢体语言的配合,这就交给孔建他们了。

　　今年的"雪龙"号春晚,大洋队的节目应该能给大家留下深刻印象。把我写的"三句半"附在后面,也记录下我对"雪龙"号2017春晚所做的贡献。

2017年"雪龙"号春晚33次大洋队"三句半"

1	锣鼓喧天响	上海欢送忙	三十三次队	启航
2	船过"珀斯"港	无暇赏海景	装备捆扎忙	为啥
3	咆哮西风带	白浪过甲板	卧榻如摇床	考验
4	极光与冰山	犹如报春花	南极已在望	欣喜
5	船到中山站	掏箱卸货忙	挥汗不言累	奉献
6	南极帝企鹅	慰问我队员	点头又挥手	真逗
7	飞行间隙期	冰上显身手	采样又观测	真牛
8	中山第一站	窗明又几净	精神风貌扬	学习
9	汽笛长鸣中	"雪龙"又起航	遥望中山站	惜别
10	普里兹海湾	水下有潜标	冰海天窗口	回收
11	南极半岛区	断面整五条	站点四十二	艰巨
12	接连十好天	两五不眠夜	成果真丰硕	喜悦
13	元旦晚霞中	海山献哈达	冰山成排过	真美
14	网中获真宝	海底大砾石	源自南极洲	收藏
15	磷虾体虽小	奥秘真不少	样品有余时	尝鲜
16	锚泊长城湾	卸货又回运	小艇穿梭忙	有序
17	气旋来又去	"雪龙"巧周旋	科考又补给	智慧
18	再过西风带	海峡风波静	预报有如神	精准
19	蓬塔会好友	智利南极所	拜访与回访	友谊
20	祖国代表团	登船来慰问	嘱托如春风	温暖
21	行程已过半	遥望罗斯海	再展身手时	成功

停船期间

2017-01-25

鲸鱼"起舞"(一)

"雪龙"号今日停船做例行的维护保养,给润滑系统更换新的润滑油,也就是先把旧机油放出来,再灌注新机油,整个过程大约需要10小时。

船停了,人不能闲着,大洋队抓住这个时机进行了自己的作业。

陈志华的海洋地质团队组织新上船的队员进行了上岗培训,学习绞车操作方法。蓬塔·阿雷纳斯上船的队员既有多次来过南极的老手,也有首次上船的新手。不管是老手还是新手,只要是这次上船的,都要进行上岗培训,这是"雪龙"号的规矩,毕竟操作绞车是个技术活,即便以前干过,闲置了1~2年难免会生疏,新手更要从头学习。培训过程安全督导"曹头"不离左右,发现有些队员着装不符合要求,比如张三没戴安全帽,李四没穿救生衣,王五手上没手套,就一定要先把这些都配齐了再干活。他还强调:"别以为我不在,你们就能马虎,你们在驾驶台的监控中。"

培训结束他们立即在停船的位置使用重力采样器进行采样,既是练习,也是为了获取海底沉积的资料。当地水深近4km,采样器往返一次需要3~4小时。第一次采样没有获得样品,重做一次只获得了几枚砾石,和我们在南极半岛遇到的情况基本一样。陈志华把这几枚砾石收入了他的样品袋,写上编号、坐标。这可是他们辛苦7个小时的收获。

"如果罗斯海的地质采样作业都像这样岂不扫兴?"我问陈志华。陈志华解释说:"底质特征和微地形有关,在罗斯海大陆架有沟槽和隆起,隆起上的确都是砾石,软泥都被底流搬走了,但没有走太远,都堆积在附近的沟槽中。"他们以往按照海底地形布设的采样点,采样的成功率在90%以上。想必他们此次设计的采样点也是参照了海底地形精心设计的,这让我安心不少。陈志华虽然是个七〇后,但长相比较成熟,言谈举止也像个"老江湖",简短的交谈足以显示他业务造诣不浅。

鲸鱼"起舞"(二)

鲸鱼"起舞"(三)

地球物理组也没闲着,组长杨春国把他们的地球物理设备全部组装起来,并进行了全面检查。地震勘探设备复杂,体积庞大,安装操作这套设备可是高技术活。自然资源部第二海洋研究所派他负责现场执行,自然是对他十分信任。在以前的航行中,也曾出现过有个小配件型号不符的情况,上船后颇费周折才搞定。这次一上船,杨春国就被问到这个问题。他们这次格外谨慎,全部设备都经过试运行确认没有问题,再拆开装运,全部备用配件也都一一确认过型号匹配。

当队员在忙时,几头鲸鱼来到船边,围着"雪龙"号做着各种优美的动作。它们硕大的身躯时而越出水面,时而露出背脊,偶尔也翘起像一片巨大风帆的尾鳍,还不时在海面做翻滚动作,像战斗机的特技飞行。其中一头还仰面朝天,持续仰泳了几分钟。它们似乎把"雪龙"号当作了自己的同类,可能是在用这种方式来表达对它的尊敬。鲸鱼的体型和2万t的"雪龙"号相比真是小巫见大巫。动物王国历来是大者为尊、强者为王,这又被称为丛林法则。鲸鱼们把"雪龙"号看作同类和老大,在我们面前献舞欢迎,遵循的就是这个法则。鲸鱼的义务表演引得队员们涌上甲板拍照,快门的咔嚓声伴随着一阵阵赞叹声,鲸鱼们或许听懂了这种声音,"表演"得格外卖力。

看着鲸鱼的"表演"也暗自为它们担忧,出没在南大洋上的大型船舶,并不都是"雪龙"号这样的科考船,也有一些打着科学研究幌子,行商业猎杀之实的捕鲸船。如果这些鲸鱼遇到这种商业船只也像目前这般天真,它们的后果不堪设想。也很难理解,在这群可爱的动物面前,为何有人能如此冷血,对它们大开杀戒。但愿今后商业捕鲸这个行业能尽快消失,让海洋中最大的哺乳类动物能继续繁衍生息。

16时,"雪龙"号结束了例行保养,甲板上的作业也在此前结束。伴随着主机的轰鸣,我们继续朝罗斯海挺进。

"雪龙"过大年

2017-01-28

漂泊的年味（荣启涵 摄）

  "雪龙"号过年的气氛提前好几天就开始了，春晚筹备组自不必说，荣儿和王安然表现得非常给力，身兼数职，忙得不亦乐乎，既是总策划，又是总导演兼主力演员，还要发动群众按照他们的思路去开展工作。我既不是春晚导演也非演员，但也为过年而忙碌着。

  按照传统习俗，正月里大家都不理发，据说年前和农历二月初二理发店都人满为患。不知从哪朝哪代开始，中国人就把农历二月初二看作是"龙抬头"的日子，并认为在这一天理发会给一年带来好运气。大家把这习俗也带上了"雪龙"号,年前一周就有不少队友找我理发。排队理发的不仅有帅哥,还有美女,当然理的是短发。理过发的被同伴们夸奖帅气、漂亮,常会主动告诉我与我分享。

读者或许不会相信,我在给同伴理发的间隙给自己理了发。这不是吹牛,是千真万确的。看见我打理过的发型,同伴们猜遍了"雪龙"号会理发的人,但提到的这些人只会理光头,或者是在推子上套上固定的模具,把头发推成固定长度的平头,我的发型显然不属于这类。最后不得不承认是我给自己理了发。等到"龙抬头"的那一天我再给自己理一次,或许教授发型师也能给自己带来好运。

节目就绪,好菜上桌,我们终于迎来了"雪龙"号上的春节。共聚一堂的有92名船员和科考队员,和这么多人一起过年,享用这么丰盛的年夜饭还是头一遭,漂泊在外的感觉自然淡化了。按照惯例先是跟着领队端着酒杯一桌桌敬酒,学着领导的模样逐一夸奖大家的优点和出色表现。看见荣儿和安然自然是说春晚筹备辛苦了;看见发型帅气的说他们长得帅,"龙抬头"时我再给他们理个发;在大洋队的桌前自然是慰问队员们辛苦,大家向我看齐,给领导们敬一杯。每一桌前都有足够的理由干一杯,虽然智利红酒劲道不大,可一圈下来也有些摇晃,搞不清是船儿在晃还是我在晃。接下来还要接受各路豪杰的轮番拜年和问候,那盛情难却自然是要喝干的。到最后餐厅里只剩下徐副领队和我,所有的红酒瓶都倒不出酒来了。

回顾一下我在"雪龙"号上两个多月的经历,简直连自己都不敢相信。以前只能给别人理发,现在连自己的头发也能理;以前写作倍感吃力,只担心哪一天会江郎才尽,现在是文思如泉涌,只觉得有写不完的故事。真想把这"雪龙"号改称"雪龙大学",把所有人都送来培训一遭,那咱中华大地也就不愁人才培养太慢了。看来真是喝得有点多了,只可惜我在蓬塔·阿雷纳斯没有多买上几箱红酒,否则回去后还能再体验一回这样的感觉。

　　摇晃不是我的问题,是风浪的原因,这春节晚会还是要参加的。曾记得我当年在内蒙古自治区一次聚餐时,只不过拿着餐刀在羊头上比划了几下,就被认定是一帮弟兄们的"头儿"。蒙古族美女端着酒杯在你身边唱着劝酒歌,你不喝她就不走,别人也不能举杯,接连几杯烈酒下肚,剩下的事情几乎是一片空白,接下来乌兰牧骑舞团演出了哪些节目,自家兄弟谁唱了歌都说不清楚。昨晚显然没到这一步,每个节目都还历历在目。

　　荣儿教大家跳的舞蹈被剪辑成了视频,合着音乐的节奏,穿插着企鹅宝宝们呆萌的形象,一开场就把"雪龙"号春晚的气氛推上了高潮。二副罗捷和船长朱兵合唱的黄梅戏引来了齐声喝彩,虽然是便装素容,但唱功和舞姿都像模像样。张峤不愧是大洋队第一歌手,歌唱类节目由她的《前门情思大碗茶》开始,整个春晚在她和王德武的《明

祖国新年好(兰圣伟摄于"雪龙"号驾驶台)

天会更好》中结束。我没忘记给每个节目鼓掌喝彩,也还能和着曲调伴唱。滕飞等人的"三句半"没有让大家失望,事后有人说这是"雪龙"号近几年最成功的"三句半"。最幸运的应该是徐世杰副领队,他被击鼓传花选中来表演节目,一首《鸿雁》引来了众人高声附和,其中最卖力的应该是我,不仅因为今晚我们很开心,也因为上船后我们配合默契,工作上互相支持。接下来几乎难以置信,由一号领导孙波领队抽特等奖获奖人,抽出来的居然是二号领导徐世杰副领队。发表获奖感言时,徐世杰副领队先说没想到,接着说喜欢这礼物,也喜欢今晚的气氛。

这就是"雪龙"号2017年春晚,像智利红酒一样,让人回味无穷,也令人难以忘怀。

口琴表演(兰圣伟 摄)

黄梅戏《天仙配》(兰圣伟 摄)

心理医生

2017-02-07

我曾口出狂言要客串一回医生,去给"南极越冬综合征"患者开处方,没想到现在轮到我需要找医生了。

午饭时我对王德武说:"你知道这船上有谁会心理咨询吗?我好像感觉有些不对劲了。"他看着我眨巴了几下眼睛说:"我都病了好几个月了,你怎么才出问题?"此前我们一直说王德武得了"南极科考综合征",证据是袁卓立在中山站拍到的几张照片。照片中的他笑得阳光灿烂,但自打我们离开中山站就没见他笑过。偶尔也见他咧咧嘴,但只能说是皮笑肉不笑,比哭好看一点点,而且还经常性两眼发直。"难道你的笑容都留在了中山站?"面对我们的质疑,王德武说出海久了都这样,上岸就好了。

"我看你是有些不对劲,不过这船上可没有心理医生,随船的是外科医生。"王德武说。他说的这个我也知道,所以才问船上是否有心理医生。王德武一面细嚼慢咽地吃着饭,一面客串起心理医生的角色。

王德武问:"船上有喜欢的美女吗,找来一起聊天喝茶如何?"我回答:"没有,美女只能养眼,不能看病。"他接着问:"有什么爱好吗?比如打牌、下棋、打游戏,我陪你!""这些我都不会,也从来不玩。"我的答复让王德武耸耸肩,两手一摊,做了一个无可奈何的姿势。在他看来我似乎是无药可医了。

"你唱歌不错,今晚我们一起唱歌如何?"过了一阵他终于想起我会唱歌。感觉不爽就去唱歌,这是"德武大夫"给我开的治疗"南极科考综合征"的处方。去吼几嗓子或许能缓解情绪，所以我一口应承下来。

和王德武的对话虽是开玩笑，但的确长时间在船上生活会遭遇心理问题。诱发的因素可能是多方面的，比如疲劳。大洋作业有时需要持续好几天，体力消耗可能不大，但生活节奏完全被打乱，会引起身体的各种不适，包括情绪低落等心理失调的问题。也可能是压力，经常在驾驶台上看着直升机颤颤悠悠地起飞，老是担心新闻中的负面案例上演，给自己造成了额外的压力。虽然在我的工作岗位不必去担心这些，但阴影就是挥之不去。自己不敢乘飞机，还担心别人乘飞机，看来我确实是病了。

我直到现在才感觉到有心理压力和精神失调，可能得益于忙，上船后从来就没闲过。上船两个半月，写了64篇日记，可也够忙了。前两天和队员们一起作业，打乱了生物钟，歇手才2~3天就感觉不对劲了。那就积极地写下去吧，好在还有一些朋友特意表示愿意看我写的日记。没准他们也在担任心理医生的角色，不敢让我闲着。

有问题找朋友说说，别让自己闲着，这是预防"南极科考综合征"的最好方法！

不一样的元宵晚会

2017-02-11

"雪龙"号船员集体舞（右一为船长朱兵，前排是二副罗捷，兰圣伟 摄）

昨天"雪龙"号饱受天气困扰。尽管天气趋势图上没能反映出气旋和低压，但几乎一整天都乌云笼罩，风力也持续在6级以上，直升机不能起飞。原定访问美国麦克默多站的计划不得不推迟，考察布朗角的小组到晚饭后才起飞。气象保障室解释说，和地形、局部性气流有关的小尺度天气现象因为缺少资料，目前还无法预报。

今天一早天空放晴，被云遮雾罩一整天的埃里伯斯"美人"又出现在我们面前，只是换了容妆。前日它身着"薄纱睡衣"，今日换成了"一袭冬装"，可见过去24小时的降雪量有多可观。因为埃里伯斯"美人"

体内仍有岩浆涌动，体表的温度自然不低，山坡上的积雪维持不了多久就会融化。所以它在不断"换装"，雪前"薄纱妍丽"，雪后银装素裹。

领队要去拜访美国麦克默多站和新西兰斯科特站，选址队员或许还要飞一次，"雪龙"号要停留在这里过元宵节。

元宵节是中国传统节日之一，自然要庆贺一番。昨晚三副告诉我，"雪龙"号要和大洋队联欢，叫我通知大家参加。"是不是元宵晚会？"我问。"也算是。"三副回答说。我把几名擅长唱歌的队员喊上，"雪龙"号船长朱兵、大副朱利、二副罗捷、三副、水手长和厨师长都来了，还有荣儿和王安然。显然是船长召集的，别人谁能有那么大的面子把"雪龙"号排名前三的美女悉数请来唱歌？我喊来捧场的有大洋队第一女歌手张峤，还有几位唱功不错的帅哥。

"雪龙"号的演唱会和我们以往大洋队内部唱歌风格迥异。往常我们约上三五好友去唱歌，都是王德武先点上十几首，然后再点上几首他认为属于我这个年代的。那些歌的"年纪"实际上比我的年纪还大不少，比如"雄赳赳气昂昂跨过鸭绿江"。只能说，在他们眼里我是地道的长辈，尽管我自认心理年龄只有30公岁（等于60岁）。

"雪龙"号显然没拿我当长辈，而是当客人。三副先让我点歌，我点了一首《天路》。"一首怎么够，再来一首！"三副说。我又点了一首《青藏高原》。我唱完听见大家的掌声很是感动，自己的水平多高自然心里清楚。在我唱毕，演唱会就转换了风格，几乎所有人在多功能厅面对屏幕站成一排，一边唱一边和着音乐的节拍走起舞步，就像是集体舞。话筒也在众人手中传来传去，没有话筒的就扯着嗓子高声附和。我也学着年轻人的模样尽情高歌，他们点的歌尽管时髦，多数我都能跟上调子附和。

在场的这些年轻人大部分都是上有老、下有小，一年中的一大半时间在"雪龙"号上工作，在家陪伴妻小的时间很少，真的很不容易。

三副刘少甲不到30岁，结婚不到2年，他是本年度4位"南极爸爸"之一。"南极爸爸"这名词是荣儿发明的，意思是孩子出生时爸爸在南极。她在《南极之声》上出了一个专辑，专门描写"南极爸爸"和他们在国内的妻子，标题就是《记4位"南极爸爸"》，看了格外感人。工作之余，刘少甲学习也非常努力。他曾和我聊过，如何靠自学提高英语口语能力。朱兵船长、二副罗捷等人的英语都不错。或许刘少甲认为我的口语表达方式更轻松自如一些，我向他回顾了我年轻时学习英语的经历和体会，并告诉他"世上无难事，只怕有心人"。以他目前的基础，只要肯下功夫，方法得当，提高口语能力并不难。

大家称二副罗捷为罗老师，因为她是上海海事大学的教师，能离开家庭来"雪龙"号见习半年也实属不易，因为按照中国社会的传统分工，女性承担的家庭责任要重于男性。这半年对她是个考验。

大副朱利能坚守在岗位上更加不易。前些年在出海时家中年迈的父亲过世，他未能送老人家最后一程，让颇有孝心的他深感自责。这次随队出征南大洋，又接到家中电话，他母亲病重需要从老家前往上海就医。他也曾心急如焚，也曾给"雪龙"号打报告申请回家照料母亲。因为安排另一大副替换他在时间上来不及，极地中心只能安排人员协助他母亲在上海就医，大副又坚强地站在自己的工作岗位上。

此刻和大家一起引吭高歌的朱兵船长，应该是"雪龙"号历任船长中最年轻的一位，首次担当大任，就创下了航海史上最南纬度的航行记录。他家中又何尝不是有老人、小孩需要照顾？既然选择了航海这个职业，就注定要以事业为重。这是朱兵船长与所有航海人共同的信念。

在埃里伯斯火山下的元宵晚会上，我经历了不一样的演唱会，也见证了"雪龙"号船员对自身职业的忠诚和坚守。

"大车""小车"和"车站"

2017-02-13

"雪龙"号接收的卫星云图（车志胜 提供）

"雪龙"号正航行在茫茫大海上，和车有什么关系？怎么会突发奇想要写一篇日记介绍车？这里说的"车"是姓氏，"大车""小车"和"车站"指的是同一个人，年轻的人们称他"大车"，表示尊敬；年长些的人们称他"小车"，表示关爱。至于"车站"，那是大家封给他的职务头衔，就像大家叫我"叶队"一样。他就是来自国家卫星海洋应用中心的车志胜，管理着"雪龙"号船载卫星接收处理系统，站长和职员就他一人。别看就一个光杆司令，他起的作用可不小。

自离开蓬塔·阿雷纳斯后，"雪龙"号开始能接收高分辨率可见光谱卫星图像了，这意味着我们在南大洋科考不必再依赖北京提供的冰情预报了,只要有需要,随时可以接收过顶卫星发布的影像,不仅分辨率高,而且是实时影像。气象保障室也能随时查看所在地区的卫星云图。做到这一点并不容易,"车站"可是功不可没。

"雪龙"号上安装的卫星接收装置虽然是定型量产设备,但此前一直是作为地面卫星站的标配,在陆地上使用,安装在科考船上使用还是头一遭。科考船的工作环境比地面站要恶劣许多。地面卫星站的接收设备都有专用机房,环境洁净,配备有空调或者是除湿机,使用的是商业电网提供的电源,温度、湿度、电压都很稳定。但在"雪龙"号上受空间限制,接收装置被安装在主机舱的上部,要经受持续不断的振动;卫星天线的保护罩是一层薄薄的尼龙布,只能防雨防风,既不隔热也不隔潮。过赤道时里面热得像蒸笼,在南大洋高纬度海域则滴水成冰。这对设备的耐候性是个严峻的考验。

首次安装在"雪龙"号上的卫星接收装置是试验性新设备,"车站"被卫星中心的领导派上船,任务是要完成调试,并要对设备在船载环境正常工作提出技术保障建议。这工作的难度可想而知,卫星天线罩内,四面都是电子设备,要找出设备在船载高温、强振环境不能正常工作的原因谈何容易。厂家的一帮技术人员在上海码头连续忙了几天都没能找到头

国之重器——"雪龙"号卫星接收天线
(车志胜 摄)

绪。在茫茫大洋上,"车站"要靠一己之力搞定这套复杂的设备,让它正常工作。

自从"雪龙"号从上海港起航后,"车站"就一直在卫星天线罩内忙着,所有的焊点、连线、电子模块要逐一测试,逐一排查,找出故障部位和原因,并要写出改进措施和技术保障建议。赤道海域天线罩内的温度高达40～50℃,"车站"在里面挥汗如雨;船过西风带有一大半人晕船躺倒,他还在聚精会神地工作;进入高纬度海域,天线罩内的温度只有零下几摄氏度,手脚都冻麻木了,他还在坚持。面对如此执着的"车站",有人心疼,也有人不解。在队务会上,领队不止一次提到"车站",出于关怀也曾有人劝他放弃。

话虽如此,"车站"一直坚持到把故障查个水落石出。根据他的排查,并且与国内有关部门专家会商,故障原因被确定为元件故障,并且是3个互为备份的同型号元件都出现了故障。厂家委托在蓬塔·阿雷纳斯上船的大洋队员带来了元件,厂家技术员在最后一刻也拿到签证上船来了。更换元件之后,卫星接收装置像预期一样投入了正常运行,"车站"的付出终于有了回报。现在"雪龙"号仍然接收北京的预报,但不像过去那样依赖几天前的冰图。遇到冰情严重的海域,船长和领队都会想到他,让他收一幅最新的卫星影像图。当天空云量大时,海冰的影像会被云层遮盖。"这套装置也能接收SAR影像,可以穿透云层,但是需要另一套解译软件。""车站"说。让卫星天线正常工作,是电子工程师的活;把卫星信号解译成图像,是软件工程师的职责。"车站"一人把这两份工作都包了,实力可不一般。

现在"车站"也像其他年轻人一样,每天照例一早去健身房,空闲时也能和人聊聊天。我问他:"你们这个专业找工作应该不难。""我们的工作不好做。""车站"回答说。卫星地面站一般都在偏僻的乡村或远郊,一方面是为避开城区高层建筑的遮挡,另一方面电磁背景噪声低,图像质量会提高。远离城区上下班不方便,而且要24小时轮班,节假日当别人合家团聚时,卫星地面站的人还要坚守岗位,而且工作强度很高,有时要同时处理几颗卫星的资料。这个行业技术发展很快,知识更新也快。他们除了处理日常资料,还要配合厂家更新装备,配合软件公司设计软件,工作自然很忙。正是有了像"车站"这样一大批中青年技术骨干,我们的高科技行业才显得活力十足。

"车站"也目睹了中国在卫星技术领域的快速发展和进步。国外公司以前不愿意卖的装备和元件,现在已经可以买到了,因为中国人已经能自己制造了;以前要价很高的软件也开始降价了,因为中国公司已经开发出了同类软件。没准再过几年,中国的卫星技术会像现在的高铁一样,走出国门、走向世界。

如果说改革开放初期中国的经济竞争力来自廉价劳动力,能够以比别人低得多的成本提供各种日用消费品,那么在未来十几年至几十年里,我们的优势将会是拥有一大批像"车站"这样的中青年高科技人才,他们受过良好教育,具有奉献精神,在各行各业像螺丝钉一样执着坚守。这些数量庞大的青年高科技人才被称为"新人口红利",也叫"人才红利",他们的肩上承载着国家的未来和希望。

期待会师

2017-02-19

极地雄鹰（张体军 摄）

随着"雪龙"号向西航行，我们离中山站越来越近。领队那边传来的消息是，中山站的那帮兄弟姐妹们正在翘首期待"雪龙"号的再次到来。两个多月前，"雪龙"号把他们送上了中山站，同时卸载了大批物资。

两个多月过去了，中山站的同事们都出色地完成了各自的工作。首先是内陆队的25名队员，他们于2016年12月中旬从中山站出发，经过15天的艰苦跋涉，月底到达了冰穹A的制高点，也就是南极冰盖最高点上的昆仑站，在海拔4087m的昆仑站进行了各项科考活动，包括冰芯钻探、天文观测、高层大气观测。南极最高点海拔虽然不及珠穆朗玛峰，但高寒、缺氧、白化风、强辐射都不亚于后者。能登上冰穹A的制高点都是挑战生命禁区的强者，也是不畏艰险的好汉。

2017年1月8日，内陆队的固定翼飞机在南极最高点实现了测试降落，此后又进行了业务化飞行。一个月后，大洋队挺进罗斯海到达人类航海史上的最南纬度，并进行了海上科考作业。大洋队和内陆队各创下一项世界纪录。再过几天，这两支铸就辉煌、谱写历史的队伍将在中山站再次会师。

对中山站的内陆队等同事来说，"雪龙"号再次停靠中山站意味他们将踏上回家之路。2016年11月初内陆队这批队员从上海起航，至今已离家4个多月了。他们中既有承担家庭、事业双重责任的中青年科学家，也有初出茅庐的年轻人，更有一位"南极爸爸"。他们为了科

俯瞰泰山站（郭井学　摄）

雄踞南极之巅——昆仑站元旦升旗（魏福海 摄）

学目标，为了极地事业，在地处天涯海角的中山站连续工作了4个多月。等到他们回到阔别许久的家，父母的鬓角或许又多了一些白发，门前的柳树可能又长出了新芽。大洋队有2位这样的"南极爸爸"，内陆队有1位，第4位是"雪龙"号的三副小刘，他的孩子尚未满月。这4位"南极爸爸"比我们多了一份牵挂。

不管是中山站，还是"雪龙"号，都有最后的工作需要完成。"雪龙"号一离开罗斯海，中山站的赵勇站长就召开了动员大会，动员各课题组要抓紧时间，在"雪龙"号到达之前完成预定任务，同时安排物资回运、设备的打包和装船。

大洋队在普里兹湾要进行最后一轮的作业。从南极半岛到罗斯海，科考作业一路顺利，但离圆满成功还有一步之遥，那就是要在普里兹湾打好收官之仗。作业方案已经三易其稿，时间因素、海冰因素、天气因素都要纳入考量范围。这最后的工作不敢有丝毫大意，期待我们不仅仅是完成，还要超额完成，并且是圆满完成各项任务。

在"龙抬头"的日子里

2017-02-28

昨天是农历二月初二,传说中"龙抬头"的日子。中国传统文化中有种说法,在这一天理发会给这一年带来好运。据说北京、上海等大城市的理发店一大早就有人排队。这一习俗也延伸到了南极,身为南极第一发型师,我自然也忙碌了好一阵。

理发热从农历二月初一就开始了,理由很简单,正月初一是春节,但是大家过年都提前一天。最先提出要理发的是罗光富。我开出的条件是让他先帮我理,然后我再帮他理,罗光富居然一口答应了。上船3个半月了,虽然自己也修剪过,毕竟后脑勺在镜子中看不到,脑后的头发应该比较长了。我坐在理发座椅上,享受着罗光富为我提供的理发服务,相信在"龙抬头"的前夜,由这样一双手来给我理发会给我带来好运。这可不是一般的手,而是习近平握过的手。中国第31次南极科考队出发前,习近平在上海视察"雪龙"号时,走进了罗光富所在的实验室,给正在备航的小伙子们一个意外的惊喜。习近平握着罗光富的手,一面问候一面询问了基本情况。那张照片后来被挂在中国第31次南极科考网页上。虽然过去两年多了,这双被习近平握过的手对我们来说还是不一般。

罗光富为我理发的姿势像模像样,从开始在我的脖子套上围布的那一刻起就显得十分熟练。他一手拿推子,一手拿梳子,梳子到推子也到,显然是受过专业培训的。我问他:"难道你学过理发?""我丈母娘是发型师。"罗光富说。原来这位在极地中心工作的福建小伙,娶了

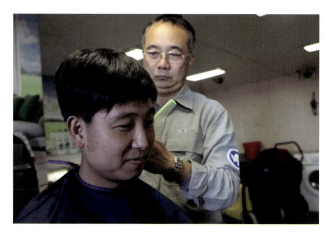

作者(后)给罗光富理发

一位同样在上海工作的山东威海姑娘。每次去女方家,他都刻意要融入环境。遇上春节前后理发店生意高峰期,他会去丈母娘的理发店帮忙,由他给客人理出一个雏形,然后丈母娘负责修剪。面对常来的老顾客,丈母娘都会解释一下:"帮你理发的是我们家姑爷,他可是习近平握过手的博士。"老顾客们听着这话自然高兴,一面道贺一面喜滋滋地走了。相信习近平握过的手会给自己带来好运的显然不止我一个。罗光富说:"我喜欢威海这城市,空气清新、风景如画,有美味的海鲜,还有那和谐的人文环境。"他或许没想过,他的家庭意识、对家庭成员的尊重也是造就这种和谐氛围的重要因素之一。

轮到我为罗光富理发。上船后已经是第三次为他理发了,频率显然高于其他人。看着镜子里的他,我在端详着该如何下手,因为这颗帅帅的头是半个月前才理过发,此刻头发并不长。看到我在迟疑,罗光富说:"不管怎么剪都行。"此前我帮他理发之后,他都会拍一张照片发回去给家人看,并且说是教授发型师理的,家里人连连称赞。在"雪龙"号这样封闭的环境里,理发和被理发都是一种享受。这个过程其实也是一种交流,人际之间的距离就这样被拉近了。我这业余手艺能得到职业发型师的肯定也是一种鼓励,给罗光富理发自然更加得心应手。

排在罗光富后面的是王德武。两个多月前帮他理过一次,头发早就该理了,但他总说再等等,或许是诚心要挑一个好日子。在罗光富的鼓励下,他提前了一天,在"龙抬头"的前一天坐上了理发椅。家在海南小镇的王德武能干到目前的水平很不容易,他幼年时格外顽皮,因为逃学没少挨过父亲的揍,懂事后学习、工作都十分努力,在单位人际关系和工作表现都得到充分肯定。回想起儿时的经历,他感慨地说:"若不是父亲管教严厉,没准他就是一个街头混混。"因此他对父母也格外孝顺,对传统文化和习俗也怀着敬畏之心。他的头发有些自然卷,不太好打理,第一次理得不是太成功。事后细心琢磨过如何应对这种卷发,这一次相比上次自然是又快又好。王德武照着镜子,满意写在了脸上。"大洋队的小伙我都会打理一遍,你是不是最帅的,裁判可不是我。"我提醒他。"谁当裁判都一样啊!"王德武自信地回答。

"龙抬头"的这一天还真有些忙,我鼓励大家在这一天理发,是否会给大家带来好运不敢说,但至少能带来好形象和好心情。再过几天各路人马都上船了,咱大洋队至少在形象上不能输给人家。早饭后我让需要理发的去理发室,论资排辈,长者优先。

第一位走进来的是海洋自然资源部第一海洋研究所的刘欣德老师,和我同庚,生日比我还早几天。刘老师身材敦实,和气厚道,平时他在地质组担当主力角色,看不出他和我一样已经快到退休年龄了。刘欣德老师的父亲是职业发型师。他们那一辈的发型师,在理发后还会帮顾客推拿几把,据说格外舒服。到晚年他父亲的服务对象都是多年的老顾客,也是老朋友。他和兄弟姐妹对父母都十分孝顺,但父亲还是放不下这活计——理发对他来说已经不再是谋生手段,而是生活

84

的一部分。"要早些知道你父亲是发型师,我可不敢给你理发。"我对刘欣德老师说。"没关系,随便理。"刘老师对我的技术水平并不介意。在"龙抬头"的日子找同庚理个发,或许是对父亲的怀念。他父亲活到90高寿后,在他出海前两个月驾鹤西去。

来理发的除了大洋队的队友,还有慕名而来的船员。第一位是徐副领队,他上船后理过一次光头,看见我给队友理发,他也就告别大洋标准发型,恢复了以前的平头。按他自己的说法是光头太凉,南大洋的冷风有些扛不住。被我理过发后就总有人夸他帅,但他从不认为是自己长得帅,而谦虚地认为是发型师手艺好,之后自然也就成了我的资深顾客。大洋队归他直接领导,我靠理发手艺拉近和队员的距离,他愿意让我为他设计发型来成就我的美名,或许是出于同样的目的。

另一位重量级顾客是中山站的张宝钢,是北京师范大学的老师。这小伙的父亲和我同岁,名字体现了父亲的职业——冶金专家。张宝钢的专业是地理信息系统,在中山站的任务是使用无人机对周边地形、冰山和冰架进行测绘。打量着镜子里的张宝钢,真不敢相信他是个八〇后。几个月的野外作业,脸庞被阳光中的紫外线灼成了酱红色,加上长须长发,看着就像是三国演义里的关公。"难道中山站没有人会理发?"我问他。"只是出于好奇,想看看自己长须长发是啥样子,反正这里没有熟人。"张宝钢回答说。理发前他掏出手机给自己拍照,让我站在身边做陪衬。拍完后我大刀阔斧地把他的一头长发理成了精干的短发,和他八〇后年纪应该很相称,又推去了他的胡须。理完发他再次掏出手机为自己拍照,我还在他身边。这短短10分钟,张宝钢完成了一次时光穿越,他从三国时代又回到了现代,而我是这次穿越的推进器和见证人。

在"龙抬头"的这一天,忙着为伙伴们理发的可不止我一人。上午我忙完了,下午理发室仍然热闹非凡,原来是内陆队的一位小伙子在为同伴们理发。这小伙子在部队当过兵,服役期间一直是理发员。这次义务为大家服务是重操旧业。我自封南大洋第一发型师,因为会这手艺的我年纪最大、职称最高,但肯定不是唯一的。中山站、内陆队、"雪龙"号都有自己的发型师。"雪龙"号三副以上的船员都没有找我理过发,据说有位船员手艺不错。但是他们的老领导——王副领队在"龙抬头"的次日让我再次为他理了个发。据说他夫人对他的发型有要求,在上海,他只能到夫人指定的店里理发。出海期间他一般不理发,时间最长的一次是4个月没理过发。没准我上次给他理发后,他把照片发回去了,得到过夫人的认可!

在"龙抬头"的日子里,包括前后各一天,我都忙着扮演发型师的角色。

我们曾经来过,但从未离开

2017-03-07

中山站的湖光山色:山不在高,有仙则名;水不在深,有龙则灵

这诗一样的标题是科考队副领队张体军在告别中山站时说的。没有真挚的情感和身临其境的感受何能出此言!张体军负责固定翼飞机进驻南极,开展业务化飞行。他和同伴们创下了一个个新纪录:中国首次使用固定翼飞机进行南极大陆综合性航空调查;固定翼飞机在南极大陆冰盖最高海拔起降的世界纪录。为组织固定翼飞机的飞行,他在中山站、昆仑站度过了一个完整的夏季,和中山站队员们结下了深厚的友谊,这次将和全体度夏队员一起告别中山站启程回国。

中山站越冬队员将经历一次人生的考验。他们将在南极度过一个漫长的冬夜,在将近8个月的南极冬季,他们将面对只有黑夜没有白天,只有星星没有太阳的环境,加上极地的严寒气候,对于长期生活在中低纬度地区的队员而言,无论是生理还是心理上都会很不适应。越冬期间队员们一方面要对站区建筑和大型设备进行日常维护,同时还要开展各项科研观测。越冬队员的任务是,保持身心健康,保障设备正常运行,开展常态化科研观测,做好任何一项都很不容易。

把18名越冬队员留在中山站,领队十分不舍,他自己早几天就入住中山站,和中山站队员一起体验了驻站生活。应该说经过多年的建设,中山站的生活环境和工作条件都有了很大改善。赵勇站长到任后,利用夏季的施工季节,平整了中山站面海的一大片土地,原先崎岖不平的滨海洼地现在成了一片大广场,一块冰川漂砾竖立在广场中部作为地标,上面书写着"中山广场"4个大字。

中山广场绝对是中山站前观景的好去处,它面向大海,背靠丘陵,

中山广场之极光(冯洋 摄)

极光围绕中山站(吴桐 摄)

西侧是熊猫码头，还有壮观的冰川，东侧是普里兹湾蓝蓝的大海。要是在国内，这里肯定会人如潮涌，熙熙攘攘。但在这里她是那么宁静，陪伴她的只有中山站的队员们。到了冬季可能会有成群的海豹造访。

"雪龙"号撤离的那一天，领队把科考队的管理层召集到中山站，举行了一个正式的告别仪式。这些天中山站的队员们目睹了一批批队员先后离去，包括中山站度夏队员、内陆队员、施工与技术保障队员、固定翼飞机队员、直升机组队员。这次与"雪龙"号道别，大家不免有些伤感。

告别仪式是寻常不过的午餐，只是每人面前多了一杯红酒，餐厅里桌椅排成了一长条，越冬队员和即将随"雪龙"号踏上归程的队员相对而坐，每人都依次举杯，说些道别和祝福的话，然后一饮而尽。我记下了张体军的话："我们曾经来过，但从未离开，我们将永远是中山站的后盾，会一直关注中山站"。

这是我们共同的心声，我们大家一起来关注中山站，关注中国的极地科考事业吧。

"三八节"的火锅宴

2017-03-08

"雪龙"号今晚又举办了一次火锅宴。一看日期就知道,这是为女同胞们举办的。事先没有意识到今天是"三八妇女节"。在中国,这个节日是在春暖花开的时节,而南极正是初冬,海面上到处是冰山,避风的海湾已经开始结冰,被海浪卷到甲板的海水也很快就结成了冰。有生以来第一次在隆冬季节过这个节日。

南大洋科考靓丽的风景线(一)
(李文俊、叶瑛 摄)

我是在后甲板作业时,接到通知去参加火锅宴,理由是各队队长要给所在队的女同胞们,还有中国第33次南极科考队全体女同胞敬一杯。这理由绝对充分,大洋队的几位师姐、师妹们表现都不错。

作业告一段落后,我按通知要求去餐厅给女同胞们敬酒。火锅宴已经开始好一阵了,除了女同胞,还有正、副领队和各队的队长,热腾腾的火锅,智利的红酒,节日气氛浓厚。

按照惯例,敬酒应该先敬领导,但有人提醒,今天不敬领导,只敬姐妹们,这是她们的节日。这些在座的姐妹们各个身手不凡,她们在船上不仅是靓丽的风景线,而且专业技能以及工作表现都不让须眉,

南大洋科考靓丽的风景线(二)(李文俊、叶瑛 摄)

她们的能力发挥了重要作用,也赢得了大家的敬重。

她们中职位最高的是办公室主任楼晓燕,大家称她"楼姐"。她被认为是最适合极地科考工作的。穿越西风带,当我们备受晕船煎熬时,楼美女泰然自若,再大的风浪都不晕船。餐厅墙上有一个张贴栏,标题是"亲爱的队友,祝您生日快乐"。在船上过生日的人都会在这个栏目中留下一张照片。我几次问身边的队友,这栏目中谁最"牛",大家不约而同地认为楼姐最"牛"。照片的背景是一片冰海,都是新形成的荷叶冰,楼姐一袭T恤站在露天甲板上,亭亭玉立在冰海之上,好似海面漂浮的荷叶不是冰做的,而真是夏日荷花一般。其他人在这种场合拍照可都是身着厚重的企鹅服。不晕船、不怕冷还不是她的全部,事无巨细她都安排得井井有条,难怪领队多次夸奖她是金牌党办主任。

影响力最大的应该是二副罗捷。尽管她在"雪龙"号的工作在驾驶台,但她在"南极大学"的报告向大家展示了她的真正风采,她不仅是活跃在大学讲坛上的教师,而且是研究国际海运法规的学者。难怪船员们都喊她罗老师,而不是二副。在南大洋上,与"雪龙"号有过交流,或互致问候的外国科考船和科考站,都知道"雪龙"号上有位美女二副,这在外国几乎是不可能的,远洋科考船的驾驶台向来是男性的天下。

最接地气的或许是荣儿,她是新华社记者,又是九〇后美女,按常理和大洋队的工作交集不多,但在大洋队最疲劳的时候,是她主动挽起袖子帮我们干活。那是在南极半岛科考作业过程中,连续十天的日夜作业,队员们的体力和毅力受到严峻考验,荣儿出现在我们中间不仅仅是增加了一双干活的手,而且极大地鼓舞了士气。中国第33次科考队出发不久,荣儿组织了一系列网络宣传,既有科普知识,也有科考队员们的艰辛历程。领队称赞荣儿是中国第33次南极科考队的形象代言人。

南大洋科考靓丽的风景线(三)(李文俊、叶瑛 摄)

最活跃的无疑是王安然,作为办公室秘书,她承担的工作几乎无所不包。任劳任怨,做事有亲和力是她的特色。让她崭露头角的是"雪龙"号春晚,她担当了总策划的角色。"雪龙"号的春晚节目兼顾了趣味性、娱乐性和观赏性,自始至终气氛十分活跃。节目的背后安然和策划团队付出了艰苦的努力,挑选有代表性、有水准的节目,编排舞蹈,挑选并训练演员,所有这一切都在短短一周做到了,并且做得很好,可见安然的能力不一般。在环绕南极的航程中,领队访问外国科考站,身边都有安然,她是西北师范大学外语系的毕业生,能说流利的英语,而且靓丽的容貌也给中国科考队加分不少。

大洋队的几位美女表现也相当出色。第一师姐王博,带领师弟组成的最年轻团队,完成了常人看来几乎不可能完成的任务。南极半岛连续作业,他们靠毅力坚持了十天。另外几位也都恪尽职守,只要有水样,就有她们活跃的身影。还有两位是第一次上船、第一次出海的小师妹,其中一位还晕船,每逢地质采样,她们一个操作绞车,另一个开A架,都能胜任分派给她们的任务。在文娱活动中,大洋队的这些美女表现很亮眼。乒乓球比赛,女子双打亚军和单打季军是大洋队;投篮比赛,冠军是船员中的小伙子,亚军和季军居然都是大洋队的美女。张峤的嗓音和唱功十分了得,号称大洋队第一歌手。

在科考队,在"雪龙"号上,绝对应该为这些出色的女性举办这次火锅宴,她们为南极科考事业做出了杰出贡献。只可惜大洋队还在作业,不能给她们一一敬酒,每桌敬一杯表示感谢和敬意后,我又回到了自己的岗位。

生日宴会

2017-03-13

　　昨晚大洋队又举行了一次火锅宴,争取到这次火锅宴并不容易。大洋队作业结束后,就有队员提出要庆祝一下,但缪总管一直没松口,理由是食材储备不多了。给大洋队开了先例,其他队怎么办?有两位九〇后女队员马上要过生日了,希望能安排火锅宴,我换了一个说法。没想到这理由缪总管爽快地答应了。缪总管比划了一下手指头说,船上的女队员总共也不超过10个,给她们的生日安排一个火锅宴还是能做到的,但男队员、男船员就不能保证了,目前船上有150多人,到航程后期物资供应还是有些紧张。缪总管偏爱九〇后女生还有一层没有说出来的理由,他的宝贝女儿也是九〇后,学习很用功,成绩也很优异。我们祝她今年高考能金榜题名。

　　火锅有了,时间是第二个问题。"今天这情况能吃火锅吗?"上午和大厨商量时他指着脚下晃动的甲板问。今天是给她们过生日,我指着身边的两位"美眉"说:"只要你们能吃,我这里没问题。"大厨是担心晕船的人太多影响气氛,他只看到这几天二楼餐厅上座率不高,没注意大洋队已经有了"晕船免疫力"。事实上傍晚时分天气已经开始好转,风浪明显减弱,除了一位队友因痛风忌口外,其他队友都出席了生日宴会,还请来了荣儿、"小萝卜"捧场,徐副领队也到场祝贺。

　　另一个问题是生日礼物,在这茫茫大洋上,拿出一件像样的生日礼物可不容易,即便有心置办一件礼物也没地方去买。办法总是会有的,两位女队员自己准备了一个中国第33次南极科考纪念信封,写上了"祝您生日快乐",让到场的每一位都签名以示祝贺。这办法倒简单,只是大伙有些过意不去,哪有让寿星自己准备生日礼物的道理啊。好在有她们的师兄,宴会前师兄像变戏法似的拿出了生日贺卡。这可是手工绘制的,师兄花了大半天时间,在一张A4纸上画了企鹅、海豹,好像还有一头喷着水柱的鲸鱼,再写上"祝您生日快乐"几个美术字。这礼物可是个意外的惊喜,两位女队员对这卡通贺卡格外喜爱。

"领导有啥礼物啊?"有人在激将陈志华老师。这两位九〇后都是他的课题组成员,是陈志华老师精心选拔后带上船的。地质采样可是个力气活,一帮小伙子怎么会忍心看着两位女队员干男人的活,自然会卖力干完所有的力气活。两位女队员也格外自觉,像样品编录、现场描述等不太需要力气的活她们都包下了,陈志华老师自然省了不少功夫。"我的礼物提前给了。"陈志华对大家说。原来每次箱式采样结束后,沉积物中都会有数量不等、大小不一的冰积砾石,这些砾石在拍照描述后研究意义不大。陈志华老师会鼓励队友们各拿一块小砾石做纪念,然后再夸赞一番。每逢此时男队员们也都礼让女队员们优先挑选。有人问:"难道你给叶队长的石头也是小妹妹挑剩下的?""队长来得太及时了,我们还没有动过。"陈志华老师说。用取自海底的冰积砾石作为礼物既不落俗套又有特殊意义,两位女队员都表示认可。他的下属们作为受益者,也都纷纷夸赞这礼物特别好,值得永久收藏。

食材还算丰富,虽然没有牛羊肉可以涮,但各类丸子、素菜和海鲜数量充足。餐厅提供了足够的啤酒,自然资源部第二海洋研究所的几位队员拿出了自带的白酒和黄酒。随着众人高唱生日歌,宴会拉开了序幕,两位女队员度过了一个难忘的生日。

群英会

2017-03-16

气象保障室的周晓英老师想出了这么一个活动，找几个工作上接触较多的人喝茶聊天，说说和工作有关的故事，就是开一个茶话会，取名叫"群英会"。

被周晓英老师请来的主要是罗斯海选址队的同事，大家具有不同的专业背景，她自己是气象专家，徐刚是地质学家、张雁云是鸟类学家，另外几位是气象保障室的常客，有时来咨询天气，有时来喝茶、聊天、看电影。周晓英老师或许认为这些人见多识广，在专业领域也都有建树，因此把这次喝茶聊天取了一个好听的名字叫"群英会"。周晓英老师希望大家都能说至少一个和各自专业有关的故事，大家互相学习。这是一个很不错的主意，我们也请周晓英老师自己带头。

周晓英老师说了什么故事我有些记不清，但气象的重要性大家都一致认同。据说诺曼底登陆战役前，英国、德国的气象专家给出的预报大同小异，但细节性差别的作用超乎想象。德国专家给出的预报是：未来一周英吉利海峡天气恶劣，不适合发动登陆作战，德国军队因此放松了戒备，一些前线指挥官借机休假去了。英国专家的预报与此类似，但特别指出，有一个十几小时的窗口时间风浪较小。盟军正是抓住了这个稍纵即逝的时机成功实施了登陆计划。

本次科考的气象保障工作总体而言是相当出色的周晓英老师事后回顾，有几次本可以做得更好一些。例如在普里兹湾的一次降雪，事前气象分析有降雪可能，但概率是50%，当时没有报降雪但出现了降雪。周晓英老师事后重点回顾应该按最坏情况报,实际情况好于预期或许心理感受会好一些。另一次在罗斯海,傍晚时分突起大风,上难言岛作业的队员险些无法撤回,好在附近海域的韩国科考船发来了他们无风的信息。周晓英老师认为,当时的小气旋和下降风呈剪切关系,如果仔细分析或许能找出这个静风带。这些事后重点回顾看起来是马后炮,但对今后的工作有借鉴意义,相信周晓英老师明年再来南极会做得更好。

张雁云是鸟类专家,在他的影响下,身边的几位队友都能认出时常光顾"雪龙"号的十几种鸟,不仅能说出它们的名字,还知道识别特征。但鸟类学不只是看图说话那么简单,他的绝活是研究鸟类鸣叫的声学特征。根据他的研究,鸟类像人类一样也有方言,不同地区的同一种鸟鸣叫的声音差异很大,不亚于人类的方言。另外,在同一地点筑巢的企鹅、成鸟和雏鸟之间是根据声音识别家庭关系的。或许他的团队会在动物声学领域有新的发现和建树。他的工作体会是,我们的科考队应该在自己研究的鸟类筑巢地放置标识,同行间避免去打搅他人已经标识的研究领地,就像野生动物用排泄物标识领地一样。

李金峰是相当不错的植物学家,此次出征南极是一波三折。先是托运的行李因为航空公司的失误没有及时到达,"雪龙"号从蓬塔·阿雷纳斯起航时他几乎是两手空空,连换洗衣服都没有,只能从船上的库存物资中寻找所需物品。到达作业区后,发现南极的植物实在太少,几乎是英雄难有用武之地。好不容易看到一些藓斑或地衣,他都用钢钉圈出了分布范围,几年后他本人或者是他的同事再来时,或许能据此判断苔藓类的生长速度。

徐刚的担忧是《南极条约》的约束。他的研究内容是矿产资源,成果发表担心会被外国同行指责为商业目的。这些担心可能是多虑,即便涉及矿产资源,基础研究和商业开发还是有区别的,我们不能因外国同行的挑剔而放弃成果发表的机会。

加大对境外矿产资源的研究是新时代中国地质学家的责任和义务。随着国民经济的快速发展，本土资源不能满足经济需求的情况越来越明显，像铁矿石和能源这样的大宗资源需要依赖进口在所难免。一些中国公司尝试购买外国矿山，但都不同程度地存在决策草率、时机不对、对购买的矿山潜在价值判断有误等情形。对投资决策而言，矿山地质背景和资源远景的了解显得格外重要。

张鹏来自中国安全生产科学研究院，他的工作是防范重大安全生产事故，或者是在事故发生后去指导善后工作。不时周旋于政府部门和企业之间，自然是有一肚子苦水。有的安全事故是人为因素造成的。人员素质低，缺乏必要的规范，或者是在操作时忽视安全规范，是造成重大安全责任事故的内因。有些事故的起因听起来像笑话，但结果却很痛。如何防范因人为失误造成的重大后果，我们还有很长的路要走。在这个航次，经常看到张鹏在"雪龙"号上巡视，他的调研成果，相信会对"雪龙"号的航行安全和作业安全发挥指导作用。

"雪龙"号是一个小社会，不同学科、不同行业和部门的精英汇聚在一起是一个难得的机会。大家的专业背景虽不同，但目标是一致的，那就是如何在极地研究事业中发挥自己的作用。这次茶话会或许超越了这个范畴，相互学习得出的体会对大家回国后的本职工作或许也有借鉴意义，感谢周晓英老师提供的机会。

回家倒计时

2017-03-19

按照目前的航速，"雪龙"号将在三天后，也就是2017年3月22日的中午前后到达弗里曼特尔。我们上一次离开弗里曼特尔是2016年11月18日，转眼间过去了4个多月。我们从这里出发，完成了对南大洋的全部科考任务后又将再次回到这里，两次停靠同一个港口，心态可能完全不同。

首次停靠时，深深被这澳洲小镇的自然风光、人文情怀、海洋文化所吸引，细心观察、打量过这里的一切，从港口、博物馆、海滨沙滩，再到街道、商店，还有那靠"雪龙"号经营的老马家药店。只小半天的观察，回到船上就写出了一千多字的首篇日记，也确定了这次南极科考系列短文的形式。每篇一两千字，既有耳闻目睹的纪实，也有内心情感的抒发。再次回到这里，停靠弗里曼特尔的日程表已经排满，注定了我这次只能是匆匆过客。

"雪龙"号3月22日到达锚地，在这里接受澳大利亚海关的例行查验，我们次日靠港。23日一上岸我将拿着家人开出的购物清单，购买必需品，返回"雪龙"号时，已是夕阳西下疲倦不堪。第三天，也就是24日，或许还有空在码头附近看看，但主要安排是收拾行装，晚饭后不久就要出发去机场，半夜时分搭乘南方航空班机回国。与我同批回国的队友都购买了26日早晨的回国机票，我们将多留一天时间在珀斯看看。其余队友连同全体船员，将随"雪龙"号一起驶往上海，在那里结束全部航程。

在海上航行、科考作业4个多月,终于要回家了,不同的人会有不一样的感觉。有人或许意犹未尽,还没打算回家,他们属于那种一人吃饱、全家不饿的类型,也就是还没有成家,具有代表性的可能是荣儿和王安然。她们一个是新华社随船采访的记者,另一个是党办秘书,在公众场合出现的概率高,无论走到哪里都会引人注目,都会享受众星捧月般的感觉。环绕南极的航行,每次重要事件,每个重要场合都会有她们的身影。绕南极一周的科考航程,对她们的人生阅历而言如何能用时间来衡量。所以当被问到回家的感觉时,她们的答案是怎么就要结束了,还没准备要回家呢。

也有人归心似箭,盼望着能早一天到家,最具代表性的是"南极爸爸"罗时龙。罗时龙的妻子在他动身时即将生产,但因任务在身,他不得不告别妻子,踏上了本次科考的航程。他1月18日在蓬塔·阿雷纳斯登船不久,家中传来消息说他第二个儿子出生了。两个多月过去了,他还没见到这个小儿子。他比我们多一些牵挂,无时无刻不想着早些回家去抱抱他未曾谋面的儿子。他的行程安排是,回到广州先去

王安然和荣启涵在工作中(冯洋 摄)

单位复命,然后立即休假,回老家看看两个儿子。

像罗时龙这样的情况还有不少,在船上的年轻队员中占据多数。他们中有些人是首次出海,连续在海上工作4个多月。西风带的风浪颠簸,南极半岛的连续作业,极地的严寒气候,与家人通信联络不便等因素,对缺乏海上经历的年轻队员都是人生的历练和考验。那些年纪稍长有过海上工作经历的,多数都有家人需要照顾,这些人刚刚步入中年,家中都有年幼的孩子和年迈的父母,在外漂泊几个月后盼望早日回家实属人之常情。

大部分队友可能像我这样,回家的念头一直在心头,但也不是特别迫切。科考队员除了海洋科学专业的,还有地质学、生物学、测绘学、建筑科学、环境科学专业的,这些人的共同特点是要进行野外作业,离家少则十几天,多则几个月已是家常便饭,相信父母妻儿也早已适应。不过在外的感觉总不如在家中那么温馨和随意,4个月的科考不可能天天都那么有成就感,更多时间是枯燥的航渡。作业期间也难免会遇到风雪交加和心惊肉跳的场面。枯燥时、疲惫时难免会想家,这些都是人之常情。我回去后自然有自己的家庭责任和义务,除去向单位汇报,少不了还要回老家看看年迈的父亲,给过世几年的母亲扫墓。已经几个月没见面的孙女、孙子,还认识爷爷吗?

家是我们永远的港湾。

不一样的"工作"

2017-03-21

在"雪龙"号上闲来无事时常找队友聊天,特别是专业背景、工作性质和我不一样的队友。张鹏是其中之一,他任职于中国安全生产科学研究院,因工作性质和工作经历的关系,接触面和社会阅历远较其他队员丰富。我们曾就如何评价队员的表现和发展潜力交换过意见。

"我评价队员主要看他们的工作表现,包括工作能力和工作态度。"在整个科考过程中,队员都表现出很强的工作欲望和工作积极性,给我留下了深刻的印象。"不仅要看工作表现,还要看是什么工

张鹏在甲板进行安全巡视(冯洋 摄)

作。"张鹏说。看得出他并不完全认可我的观点。事后我仔细思考过张鹏的话,显然他对"工作"二字的理解要比我全面。在"雪龙"号上,经常能看到张鹏在甲板上巡视,不管是否有科考作业,也不管是刺骨严寒还是风浪颠簸。这可能是他本职工作的一部分,他参与南极科考的主要任务是安全调研,在甲板上巡视的所见所得或许是他调研报告的主要内容。此外,当"雪龙"号在中山站卸货时,每当我出现在掏箱作业的现场,总能看到张鹏比我先到;在厨房里帮厨,原先他不在排班表中,是他自己主动要求参加帮厨值班。掏箱卸货、厨房帮忙或许是他说的另一种工作,不属于自己的本职工作,但对于"雪龙"号,对于整个科考队来说不可或缺。我开始领悟到我和张鹏对"工作"理解上的差异。我说的"工作"指的是狭义的职业,也就是所谓的本职工作;张鹏说的"工作"是广义的,既包括职业行为,也包括一个人的社会责任,后者和个人利益、薪酬无关。一个人对于社会责任的态度或许更能够反映他的内在素质和道德修养。没过多久发生的一件事情,进一步加深了我在这一方面的理解。

"雪龙"号停靠港口期间,需要安排队员在舷梯口值班,对进出人员进行登记,既有安全考虑,也是管理需要。罗光富利用晚餐时间向部分队员通报了值班安排,3月24日白天由大洋队队员负责梯口值班。话音刚落,就有人开始抱怨:"为什么要安排我们白天值班,不能安排晚上吗?"年轻队员希望利用白天购物、游玩是可以理解的,但他们对待义务性值班的态度和他们对待本职工作的态度截然不同,这让我心里感到沉甸甸的。不错,船上还有内陆队、中山站队、综合队,但他们除了梯口值班,也承担了上船物资的搬运,不存在厚此薄彼的情况。不愿意值班,根本原因是不愿意承担本职工作之外的团队义务,一些年轻队员显然没有认识到这一点。

"3月24日安排了你值班,有问题吗?"我问在场的C君,他的资历较深，希望他能站出来起带头作用。"24日一天我要出去玩。"C君的回答让我有些出乎意料，也让我心里一沉。此前"雪龙"号停靠蓬塔·阿雷纳斯时，C君带着另外7名队员去百内地质公园游玩了一整天，擅自出游事先和事后都没有任何说明，已经造成了不良影响。或许是事先沟通不足，我只能悄悄顶班了事，并没有责怪C君和其他队员。这位C君并没有认识到义务性值班的严肃性，也没有能像对待本职工作那样对待这项工作。一些年轻队员在进行与自己科研项目有关的科考作业时尽心尽力，但是对于科考队员应该为"雪龙"号承担的责任和义务并未放在心上。如果大家都如此行事，岂不成了一帮散兵游勇？我正色对C君说："24日你值班已经定了，不能改变，希望你能出现在岗位上。"

这是我在"雪龙"号上第一次以命令的语气和队员说话，自己都感到很不自在。为了防止众多队员集体不值班的情况再次出现，我逐一找队员谈话，动之以情，晓之以理。如果不是"雪龙"号全力相助，我们的科考作业怎能如此顺利？回收潜标是"曹头"冒着涌浪操作小艇，"水头"在甲板指挥。在恶劣天气回收潜标，船长承担了很大风险，并且亲临尾甲板作业面指挥，如果我们在"雪龙"号需要我们配合时不能承担义务，在感情上也说不过去。大家认识到了义务性值班的严肃性，所有安排了值班任务的队员都履行了自己的职责。

在此之前部分队员可能没有认识到，远洋科考船和南极科考站公共任务的安排都是强制性的，而不是协商性的。无论哪个国家的科考船和科考站都是如此，如果我们把义务性值班当作额外的负担，一方面会给工作造成很大困惑，另一方面也会削弱科考队的行动能力和执行能力。

回味此前和张鹏的谈话，对他的思想深度又多了几分敬佩。在本职工作上兢兢业业能够说明一个人具有上进心和事业心，但多少还是有利益驱动的因素包含其中。一个人能够胜任并做好本职工作,是晋升、加薪的基本条件。对待社会责任的态度已经摆脱了任何个人利益因素,个体责任人在团队需要时若能自觉为团队利益和整体利益做出贡献,就更加能够反映出他的思想境界和素质。本职工作和社会责任是性质不同的两类工作,前者和个人利益直接有关,后者并不直接关联个人利益。履行社会责任和义务在通常情况下依赖道德约束力和自觉性,但在一些特殊场合也具有强制性。

后记

随着最后一个站点作业完成,我们环绕南极的科考任务画上了圆满的句号。从2016年11月29日驶抵中山站外围,到2017年3月9日驶离普里兹湾,环绕南极的航程历时101天。大洋队的队员们按预定计划完成了针对南大洋的洋流、生物、气象、地质等多学科综合考察,还参与了后勤补给和物质装卸作业。这其中既有高强度连续作业的艰辛,也有完成任务的喜悦,年轻队员们经受住了考验走向成熟。把这段难忘的经历奉献给读者们,是因为人类对自然界的探索永无止境,极地科考事业需要一代又一代科技工作者砥砺前行。南极、南大洋、长城站、中山站永远是我心中的圣地。

我们曾经来过,并难以忘却的地方
(从中山站遥望普里兹湾)